PEIDIAN ZIDONGHUA XITONG JIANCE JISHU

配电自动化系统

检测技术

广东电网有限责任公司电力科学研究院　组编

中国电力出版社
CHINA ELECTRIC POWER PRESS

图书在版编目（CIP）数据

配电自动化系统检测技术 / 广东电网有限责任公司电力科学研究院组编 . —北京：中国电力出版社，2021.10（2022.4重印）

ISBN 978-7-5198-6044-8

Ⅰ . ①配… Ⅱ . ①广… Ⅲ . ①配电系统–自动化系统–检测 Ⅳ . ①TM727

中国版本图书馆 CIP 数据核字（2021）第 199480 号

出版发行：中国电力出版社

地　　址：北京市东城区北京站西街 19 号（邮政编码 100005）

网　　址：http://www.cepp.sgcc.com.cn

责任编辑：岳　璐（010-63412339）

责任校对：黄　蓓　王海南

装帧设计：张俊霞

责任印制：石　雷

印　　刷：北京九州迅驰传媒文化有限公司

版　　次：2021 年 10 月第一版

印　　次：2022 年 4 月北京第二次印刷

开　　本：787 毫米×1092 毫米　16 开本

印　　张：14

字　　数：284 千字

定　　价：60.00 元

编　委　会

随着我国智能配电网建设和研究的大力推进，配电网的智能化已成为未来电网发展的趋势，对于智能电网整体目标的实现有着举足轻重的作用。配电网自动化系统是实现智能配电网的重要手段，为配电网的监测和控制提供坚实基础，是提高电网供电可靠性的必然需要，是建设智能配电网的基石。

配电网自动化系统的顺利实施依赖于大量安装在现场的配电终端设备，主要具有模拟量采集、数字量采集与控制量输出的功能，简称遥测、遥信、遥控（三遥）功能。配电终端的三遥功能与性能能否满足技术标准是配电网自动化项目成功与否的关键。配电网自动化系统在正式投运前需要对所有的配电终端进行测试，之后在安装实施过程中会进行抽检，最后需要进行现场测试验收。运行维护时也需要进行巡检，设备数量之巨大令人无法忽视配电网自动化检测问题。

配电网自动化系统测试技术对于保障配电网自动化系统建设质量和实用化水平具有重要意义。结合作者长期从事配电网自动化系统测试的实际经验，系统性地阐述了配电网自动化系统测试的方法和技术以提高新型配电网设备测试工作效率并缓解测试工作压力。

本书第 1 章简要介绍了配电网自动化检测技术的现状特点（广东电网有限责任公司电力科学研究院编制），第 2 章扼要介绍了配电网自动化技术架构及体系，第 3 章深入对配电网自动化设备检测技术（广州思泰信息技术有限公司编制）进行详细介绍。第 4 章配电网自愈检测技术（广东电网有限责任公司电力科学研究院、广州思泰信息技术有限公司编制）、第 5 章配电网自动化主站系统检测技术（广东电网有限责任公司电力科学研究院编制）与第 6 章配电网通信装置检测技术（广州思泰信息技术有限公司、广东电网有限责任公司电力科学研究院编制）通过多个角度深入研究与总结，补齐现阶段配电网自动化系统检测技术的短板，使配电网自动化系统检测更为全面与扎实。第 7 章配电网自动化设备全景检测技术（广东电网有限责任公司电力科学研究院编制）系统介绍现阶段较为先进的检测装置，为日后所需单位进行参考与借鉴。本书系统性地介绍配电网自动化检测技术，用于缓解当前配电网检测技术短缺并为研究开发、产品制造、试验测试与运行维护等的技术人员和管理干部提供可靠的测试方法，切实提高配电网自动化产品的品控水平。

本书旨在抛砖引玉，为配电网自动化检测技术的研究学者及从事相关工作的人员提供参考。鉴于作者水平有限，书中错漏之处在所难免。恳请读者批评指正。

编者

2021 年 3 月

目 录

第1章
概　述

现代电力系统中，通常把电力系统中二次降压变电站低压侧直接或降压后向用户供电的网络，称为配电网。配电网负责从输电网或地区发电厂接受电能，通过配电设施就地分配或按电压逐级分配给各类用户。它由架空线或电缆配电线路、配电变压器、开关设备以及变电站、无功补偿电容以及一些附属设施等设备构成。配电网处于电力系统末端，担负着保证用户可靠持续供电和提供良好电能质量的重要作用。

配电网自动化是运用计算机技术、自动控制技术、电子技术、通信技术及新的高性能的配电设备等技术手段，对配电网进行离线与在线的智能化监控管理，使配电网始终处于安全、可靠、优质、经济、高效的最优运行状态。随着国家对配电网的加大投入，配电网产品市场十分庞大，越来越多的企业投身于轰轰烈烈的配电网建设浪潮之中。智能配电设备逐渐在电网中广泛的使用，但由于配电网自动化设备涉及众多设备类型的种类、众多生产厂家，技术力量参差不齐，各配电网自动化设备制造厂家在对通信规约的理解和开发及修改上也存在了很大的随意性，尽管设备外形相似，设备系统的构造与之功能性能差之毫厘谬以千里。因此，这就需要一种有效的测试方法，让供电企业与制造企业都可以为之参考，考验其相关的设备或是对产品生产研发进行指导。既从事配电网检测技术领域的研究不但具有重要的理论意义，也具有极为重要的实际和工程应用意义。

1.1　配电网自动化技术现状

配电网自动化是智能配电网的技术基础，我国配电网自动化起步于 20 世纪 90 年代，经历了起步阶段、反思阶段及发展阶段。随着配电网自动化技术标准的逐步完善及相关技术成熟度的不断提高，我国配电网自动化的实用化程度也在不断提高，在现场测试技术上取得了长足进步。但在系统实现模式的适应性及系统信息集成的一致性等方面依然存在一些亟待解决的关键问题。如何应对分布式电源广泛接入配电网所带来的新问题与挑战，成为未来配电网自动化的发展方向。

配电网自动化利用现代电子技术、通信技术、计算机网络技术与电力设备与系统应用技术，实现配电网正常及事故情况下的监测、保护、控制以及计量功能，并与配电管理工作有机融合，与用户密切互动，改善供电质量，提高供电可靠性和经济性，使得企业管理更为高效。配电网自动化是提高供电可靠性和供电质量，扩大供电能力，实现配电网高效经济运行的重要手段，也是实现智能电网的重要基础之一。配电网自动化在工业发达国家已经有近四十年的发展历史，尤其是近十多年来，配电网自动化成为各大电力公司进一步提升用户服务质量和提高企业经济效益的主要内容，已成为电网现代化管理中不可缺少的组成部分。

随着我国城网、农网改造的不断深入，在供电可靠性和供用电指标已有很大提高的基础上，要继续提高供用电质量水平，提高对电力用户的服务质量，实现配电网自动化是必由之路。

1.2　配电网自动化检测技术现状

配电网自动化设备是近几年随着配电网自动化系统的推进而快速发展起来的，主要应用在配电网自动化系统中，实现快速切除故障自动隔离、减少变电站出线断路器跳闸，保证无故障部分正常运行，缩小停电范围等功能。是一套综合了传统和现代的配网自动控制技术智能设备。配电网自动化终端自动化检测开发和应用将集在线检测、信息通信和计算机技术于一体，形成集测量、保护、控制、通信为一体的先进自动化检测仪器。

目前，国内、外对配电网自动化设备专业性综合测试工具较为缺乏，多数测试工具比较分散，对一个配电网自动化设备的自动化检测需要多种测试工具配合测试，测试手段和方法较为落后。检测方式人工干预环节多，测试效率低下，测试结果的可信度不高。配电网自动化设备检测主要采用传统人工方式进行，存在一系列缺陷：如测试软件无法统一、测试步骤冗长，检测结果无法跟踪和追溯，测试质量难以保证，测试结果无法自动生成报告表格，存在大量的重复性测试，整体效率低下；现有检测以人为参数设置的静态测试为主，不能动态反演现场实际运行工况，无法测评设备在真实运行工况下的功能和性能。同时也难以有效验证智能分布式馈线自动化等复杂逻辑。

而现今配电网自动化系统已经呈现典型的设备网络化、管理信息化、时间准确统一等特点，只有对配电网自动化系统的配电网自动化设备进行包括通信规约互联互通、机械性能指标测试、成套联动、可靠性、测量采集精度等参数的准确测量，用定量测试代替常规的人为定性测试，才能有效提高配电网自动化系统的可靠性。

1.3　配电网自动化设备品控要求

随着配电网自动化技术的大力发展和应用电网对于配电网自动化设备物资品控的要求愈来愈严格，检测任务日益繁重。以广东电网有限责任公司为例，品控检测包括送样检测、工厂验收、到货抽检、专项抽检、现场验收、定检环节，每个环节均有严格、详实的检测流程和方案。

　　面对严格、公平、公正的检测工作以及检测任务的日益繁重，检测技术的提升是首要的保障。

第 2 章
配电网自动化技术架构及体系

2.1 馈线自动化技术

2.1.1 概述

配电网馈线自动化技术（feeder automstion，FA），是建立在自动化技术和现代通信技术之上而发展起来的一门先进的配电技术，从结构上来说主要包括主站、FTU、负荷开关、高级应用配置以及配电网等系统组成。系统故障检测、故障处理以及系统重建等都是基于主站系统来实现的。当系统的某一关键部位出现故障时，FTU 系统会自动对故障部位进行检测，并通过系统内部的数据传输线路将故障位置和故障信息上传到主站系统中，主站系统内的计算机会根据故障位置的故障类型、负荷情况、运行方式等进行统一的计算与分析，寻找出最优的解决方案。在核实无误后发出修复指令，指挥相应的修复系统进行相关工作。另外，在主站系统之内还存在根据工作内容和工作方式而划分的电力传输子系统，这些子系统不仅与主系统具备相同检测、分析、诊断以及自动修复等功能，还可以在主站系统发生故障时，暂时顶替完成通信、自动配电等功能，有效地降低了因设备故障而发生的停电事故。

我国对 FA 技术的研究起步较晚，结合我国的具体国情并借鉴国外发达国家 FA 研究的优秀成果和经验，在 20 世纪 80 年代中期展开配电网自动化 FA 项目的试点工作。近年来，随着传感与测控技术、现代计算机与通信技术的发展，特别是智能配电网的提出，我国的 FA 技术也在不断地升级与完善。

2.1.2 馈线自动化类型

馈线自动化包括集中监控型、电压时间型和电压电流型三种方式。

2.1.2.1 集中监控型

集中型馈线自动化是指配电主站与配电终端相互通信，通过配电终端采集故障信息，由配电主站判断确定故障区段，并进行故障隔离和恢复非故障区域供电。适用于纯电缆、纯架空和架空电缆混合线路的任一种网架。

集中型馈线自动化的判据：检测馈线是否有故障电流，集中到主站，比较相邻开关故障状态，确定故障区段。

以图 2-1 为例，说明集中监控型馈线自动化的实现方法。假设 AB 间发生故障，变电站 1 出口断路器 CB1 因故障电流跳闸，经延时后重合，若是瞬间故障，则合闸成功，恢复供电；若为永久性故障，CB1 重合失败，启动主站故障处理。当主站检测到 A 有故障电流流过，而其他开关均无故障电流流过时，判定故障发生在 A、B 之间，主站以遥控方式让 A、B 分闸，隔离故障区域，让 CB1 合闸恢复故障区域左侧供电，让 C 合闸恢复故障区域右侧供电。

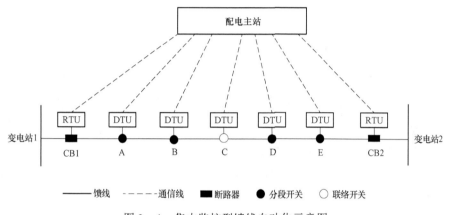

图 2-1　集中监控型馈线自动化示意图

2.1.2.2　电压时间型

电压时间型馈线自动化模式以电压、时间为判据，适用于纯架空、架空电缆混合线路的单辐射、单联络等网架。

工作原理：以电压时间为判据，当线路发生短路故障时，变电站出线开关保护跳闸，线路分段开关失电后分闸。变电站出线开关第一次重合闸后，线路分段开关得电后逐级延时合闸，当合闸到故障点后，变电站出线开关再次跳闸，所有线路分段开关失电分闸，同时闭锁故障区间线路分段开关合闸；故障隔离后，变电站出线开关再次重合，非故障区段的线路分段开关再次延时合闸，恢复故障点前段线路供电，联络开关延时合闸，自动恢复故障点后段线路供电。

假设图 2-2 中开关 1 和开关 2 为带时限保护（限时速断，过流，零序）和二次重合闸功能的变电站出线断路器，一次重合闸时间 5s，二次重合时间为 60s，合闸后 3s 内检测到故障分闸后闭锁合闸。分段开关 1~4 为电压时间型分段负荷开关，其具有单侧得电延时 7s 合闸，失电分闸功能；开关合闸后 3s 内失压，则失电分闸后闭锁合闸。联络开关为负荷开关，正常运行时两侧有压，闭锁合闸；当线路单侧失压后延时 60s 合闸；合闸后 3s 内失压，则分闸闭锁合闸；此外，联络开关在单侧失压后检测到残压，闭锁合闸。

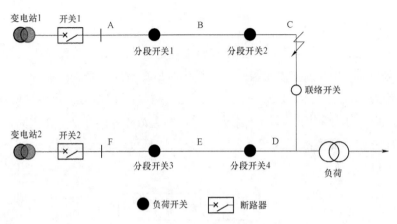

图 2-2 电压时间型馈线自动化原理介绍

当故障发生在 B 区域时，开关 1 过流保护动作跳闸，分段开关 1 和分段开关 2 失电后跳闸。开关 1 在 5s 后重合闸，分段开关 1 单侧得电，延时 7s 后合闸，合闸后 3s 没有检测到失压，认为故障不在本区域内。分段开关 2 在分段开关 1 合闸后 7s 合闸且合到故障点，开关 1 保护再次动作，切除故障。分段开关 1 和分段开关 2 失电再次分闸，其中分段开关 2 合闸后立即失压判断故障在下一区域（C 区域），分闸后闭锁分段开关 2 合闸。联络开关正常时两侧有压，当变电站 1 出现 C 区域发生故障时，开关 1 跳开故障后单侧失压，开始计时延时合闸，在延时合闸时间内，分段开关 2 临时合上又断开，使得联络开关检测到单侧残压，闭锁合闸，实现故障隔离。

通过上述一系列开关逻辑操作后，电压时间型馈线自动化将故障进行自动隔离，隔离成功后，将开关信息发送给主站，并告知主站故障隔离区间，让主站通知运行维护人员到 C 区域排除故障。

2.1.2.3 电压电流型

电压电流型馈线自动化在电压时间型馈线自动化基础上，增加了故障电流辅助判据。适用于纯架空、架空电缆混合线路的单辐射、单联络等网架。

工作原理：主干线分段负荷开关在单侧来电时延时合闸，在两侧失压状态下分闸。当分段负荷开关合闸后在设定时间内检测到线路失压以及故障电流，则自动分闸并闭锁合闸，完成故障隔离；当分段负荷开关合闸后在设定时间内未检测到线路失压，或虽检测到线路失压但未检测到故障电流，则闭锁分闸，变电站出线开关重合后完成非故障区域快速复电。

图 2-3 中开关和分段开关 3 为带时限保护（限时速断，过流，零序）和二次重合闸功能的断路器，一次重合闸时间 5s，二次重合时间为 60s。分段开关 1、分段开关 2 和分段开关 4 为电压电流型分段负荷开关，其具有单侧得电延时 7s 合闸，合闸 3S 内未检测到故障电流闭锁分闸，否则分闸后闭锁合闸。

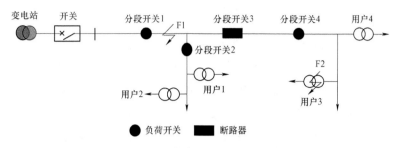

图2-3 电压-电流型馈线自动化建设方案

当线路在 F1 发生故障时，故障隔离情况与动作逻辑基本与电压时间型一样，仅仅是判断故障是否在所属区域时加入电流参数作为条件，下面详细介绍 F2 发生故障时的处理过程。

当 F2 发生故障时，由于分段开关 3 为断路器，可以跳开故障电流，因此分段开关 3 动作，将故障电流切断。分段开关 4 失电后分闸，经过 5s 延时后，分段开关 3 一次重合，重合成功后分段开关 4 单侧得电，延时 7s 合闸。由于 F2 永久故障，分段开关 4 合闸到故障点，分段开关 3 保护再次动作合闸。分段开关 4 合闸后检测到故障电流，分闸后闭锁合闸，因此将故障进行隔离。60s 后分段开关 3 二次重合，恢复分段开关 3 区段用户供电。整个故障隔离中，分段开关 3 前端的用户未受到故障带来的影响。故障隔离后，由配电终端通过通信告知主站处理结果。

从上面的工作原理介绍中可以发现，电压电流型与电压时间型最大的区别在于：

1）在主干线上，通过一个断路器将其分成两段，第二分段发生故障时，由主干线分段开关自动切除，相当于减少了变电站出线断路器的跳闸，同时缩小了故障引起的停电范围，保证了上一级线路的正常供电。

2）在故障逻辑判断中，加入了电流判据，提高了故障定位与隔离的准确性。同时，对于未发生故障的线路分段负荷开关，采用闭锁分闸形式，在二次重合时，快速地给非故障区域供电，减少了逐级恢复供电带来的非必要停电时间。

从上述区别中可以看出，电压电流型馈线自动化是需要变电站出口断路器进行配合。因为采用断路器将线路分成两段，变电站出线断路器与主干线分段断路器就需要一个时间的极差，因此建设该模式时，需要调整变电站出线断路器的保护时间为 0.3s。

2.1.3 馈线自动化设备选型

2.1.3.1 选型分类

（1）主站集中型馈线自动化。是指配电主站与配电网自动化终端相互通信，实现对配电线路的故障定位、故障隔离和恢复非故障区域供电。

（2）就地型馈线自动化。是指不依赖与配电网自动化主站通信，由现场自动化开关与终端协同实现配电线路故障的实时检测，准确定位故障点，迅速隔离故障区段，并快速恢复非故障区域供电。

1）电压–时间型馈线自动化。属就地型馈线自动化，以电压时间为判据，与变电站出线断路器重合闸相配合，依靠设备自身的逻辑判断功能，自动隔离故障，恢复非故障区间的供电。当线路发生短路故障时，变电站保护跳闸，线路开关失电后分闸。变电站出线断路器第一次重合闸后，线路开关得电后逐级延时合闸，当合闸到故障点后，变电站出线断路器再次跳闸，同时闭锁故障区间开关，其余开关失电分闸；故障隔离后，变电站出线断路器再次重合，恢复故障点前段线路供电，联络开关延时合闸，自动恢复故障点后段线路供电。

2）电压–电流型馈线自动化。属就地型馈线自动化，在电压–时间型基础上，增加了故障电流辅助判据。主干线分段开关在单侧来电时延时合闸，在两侧失压状态下分闸。当分段开关合闸后在设定时间内检测到线路失压以及故障电流，则自动分闸并闭锁合闸，完成故障隔离；当分段开关合闸后在设定时间内未检测到线路失压，或虽检测到线路失压但未检测到故障电流，则闭锁分闸，变电站出线断路器第二次重合完成非故障区域快速复电。

（3）网络式保护智能型馈线自动化。借助对等式通信网络，将每个开关保护单元检测的数据信息、故障判别信息、开关状态等与相邻开关实时共享，使不同地点的保护能够在毫秒级时间内进行协调和配合，保证离故障点最近的断路器速断跳闸，其他开关进入后备，不跳闸，使故障停电范围最小、故障停电时间最短，实现了保护的快速性和选择性的统一。

a）适用于分布式电源接入智能配电网。

b）适用于全断路器组网、断路器和负荷开关混合组网模式。

c）适用于智能配电网开环、闭环供电模式。

d）针对配网通信通道易出故障、开关动作机构性能不可靠的情况设计了容错功能。

a. 开环模式网络式保护智能型馈线自动化。当线路发生短路故障时，故障电流路径单一，主要的判据来源是断路器本身及其相邻开关的故障电流，即：故障末端的开关除自身会感受到过流，其相邻的开关中只有一个开关（其上游开关）会经历故障电流。跳闸后向相邻开关发送"故障跳闸标志信号"。

故障点上游其余开关处于后备状态，并在故障末端的开关跳闸后返回至初始状态不动作。

故障点后第一个开关满足故障向量集不动作条件，在失电后收到故障末端的开关的"故障跳闸标志信号"后，进入"分闸闭锁"（执行"连锁失电分闸闭锁"功能）。

联络开关在失压后，启动延时，在延时期间没有收到相邻开关的闭锁标志和残压信号，在延时到后发合闸命令，自动恢复故障点后段线路供电。

若事先投"重合闸"功能，开关在满足重合闸动作条件后，启动延时，并在延时到后发合闸命令；根据合闸后的电流、开关位置以及重合闸次数进行相应的动作。

若通信故障，且事先投"得电重合"功能，开关满足动作条件后，启动延时，并在延时到后发合闸命令；根据合闸后的电流、开关位置进行相应的试分试合。

若通信故障，且事先投"通信故障退出网络式保护"功能，则由变电站出线断路器跳闸。

b. 闭环模式网络式保护智能型馈线自动化。当线路发生短路故障时，故障电流路径不再是简单的树状分布，而是会从多个电源汇集到故障点，所以简单地以寻找故障电流树的末梢作为故障点已经不可行，这时，判据中加入方向判断的元素是解决这个问题的最直接有效的方法。

故障点两侧的开关感受到故障电流，并且满足故障向量集跳闸条件，迅速跳闸。

其余开关处于后备状态，并在故障末端的开关跳闸后返回至初始状态不动作。

若事先投"重合闸"功能，开关在满足重合闸动作条件后，启动延时，并在延时到后发合闸命令；根据合闸后的电流、开关位置以及重合闸次数进行相应的动作。

若通信故障，且事先投"得电重合"功能，开关满足动作条件后，启动延时，并在延时到后发合闸命令；根据合闸后的电流、开关位置进行相应的试分试合。

若通信故障，且事先投"通信故障退出网络式保护"功能，则由变电站出线断路器跳闸。

2.1.3.2　选型依据

（1）主站集中型馈线自动化选型依据。适用于配网电缆、架空及架空电缆混合网的任一种接地系统（中性点经小电阻、消弧线圈或不接地系统）的单辐射、单环网、双环网等网架。

（2）电压－时间型馈线自动化选型依据。适用于配网架空、架空电缆混合网线路的单辐射、单环网等网架。主干线分段负荷开关配套配电网自动化终端与变电站出线断路器保护、重合闸配合，依靠配电网自动化终端自身电压－时间逻辑判断功能实现故障隔离和非故障区间的恢复供电。

（3）电压－电流型馈线自动化选型依据。适用于配网架空、架空电缆混合网的任一种接地系统（中性点经小电阻、消弧线圈或不接地系统）的单辐射、单环网等网架。主干线分段开关、分支线开关和联络开关配置配电网自动化终端与变电站出线断路器保护和重合闸配合，依靠配电网自动化终端自身的电压－时间和故障电流复合判据实现故障隔离和非故障区间的快速恢复供电。

（4）开环模式网络式保护智能型馈线自动化。适用于单电源辐射接线、N 供一备（$N-1$）接线、多分段 n 联络等。

变电站出线断路器保护配置要求：变电站出线断路器配置速断、过流、零序（小电阻接地系统）保护和一次重合闸功能。

主干线分段开关、分支线开关和联络开关配置相同，只要物理结构不发生变化，网络式保护可以自适应系统运行过程中的各种开关状态。

（5）闭环模式网络式保护智能型馈线自动化。适用于双电源手拉手环网接线、三电源环网接线、双环网等。

主干线分段开关、分支线开关和联络开关配置相同，只要物理结构不发生变化，网络式保护可以自适应系统运行过程中的各种开关状态。

2.1.4 馈线自动化建设

2.1.4.1 集中监控型

集中监控型建设应优先选择供电可靠性要求较高的区域（如政府办公区、军事区、运动场馆区、金融中心区、商业集中区、高新技术开发区等），网架结构相对成熟稳定，且具有负荷转供能力、近期不需要进行改造的线路进行"三遥"配电网自动化建设。新建电缆线路宜按照"三遥"标准进行建设。

由于该模式对通信的可靠性要求较高，较依赖光纤通信，而铺设光纤施工困难、建设费用高。经估算一回 10kV 线路配电网自动化改造造价约为 150 万元（按三分段一联络计算）。

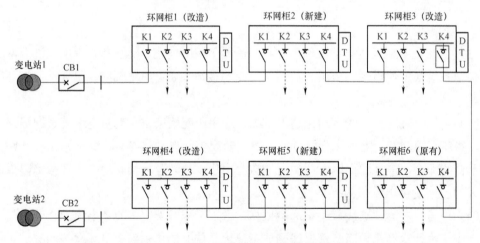

图 2-4 集中监控型馈线自动化建设方案

注：CB 为变电站出线断路器；K1、K4 为环进环出负荷开关，其中环网柜 3 的 K4 为联络开关；

K2、K3 为分支线开关，新建时为断路器，原有（改造）为负荷开关。

建设及改造要求：

（1）对于原有的环网柜，保留原先负荷开关（不具备切断故障电流能力）设计，不做改动，只是增加配电终端，实现三遥功能。对于新建的环网柜，出线开关采用断路器（可以切断故障电流）。

（2）现有开关柜加装电动操动机构应不影响开关原有性能，优先选用原开关柜生产厂家的设备，宜选用电磁弹簧机构，不宜采用电动马达储能弹簧机构。

（3）环进、环出开关加装 A 相、C 相和零序 TA，其中 A 相和 C 相 TA 应选用保护、测量双绕组电流互感器，保护绕组准确级 10P20，测量绕组准确级 0.5 级（$1.2I_n$）。零序 TA，容量 0.5VA，变比 20/1。

（4）DTU 工作电源优先采用 TV 供电方式，在现场条件不满足时，可就近从配变或市电取 AC 220V 电源作为工作电源。TV 单元设隔离开关及熔断器，TV 变比 10/0.22，容量不小于 500VA。

2.1.4.2　电压 – 时间型

电压 – 时间型馈线自动化模式适用于架空、架空电缆混合线路的单辐射和手拉手网架。根据需要可以采用无线等通信方式，上送线路的电流电压和开关位置等信息，实现对配网的实时监测。

具体建设及改造要求如下：

（1）综合考虑用户和负荷分布、线路长度、故障分布等情况进行合理布点，主干线宜设置不超过 2 台分段自动化开关，最多设置 1 台自动化分支线负荷开关。对于具备环网和负荷转供能力的线路，可多设置 1 台自动化联络负荷开关。

（2）变电站出线断路器宜具备两次重合闸功能，对于部分老旧变电站的出线断路器只具备一次重合闸功能，可将线路第一台自动化开关得电延时合闸时间设置大于变电站开关重合闸复归时间，实现电压时间逻辑功能。

（3）终端工作电源选用电源变压器 TV 供电方式，开关两侧各安装一个电源变压器，容量 500VA、变比 10/0.22。

（4）在改造过程中，柱上断路器需要具备电动操动功能，若没有，则需要整体更换，且 FTU 需要与柱上断路器成套配置。

（5）在开关两侧各配置一台电源变压器，其中开关电源侧配置一台三相 – 零序一体型电源变压器供电，开关负荷侧配置一台单相电源变压器供电，容量均为 500VA、变比 10/0.22，一次侧配置保护熔断器。

（6）采用工业级 SIM 卡进行无线通信。电压时间型馈线自动化模式投资小、见效快，因此适用于负荷密度小的 C、D、E 类供电区域，如城市郊区和农村地区。该模式经估算一回 10kV 线路配电网自动化改造造价约为 25 万元（按三分段一联络计算）。

2.1.4.3　电压 – 电流型

电压 – 电流型馈线自动化在电压时间型基础上增加了电流判据，提高了故障隔离的准确性，该模式同样适用于架空、架空电缆混合线路的单辐射和手拉手网架。可以采用无线等通信方式，上送线路的电流电压和开关位置等信息，实现对配电网的实时监测。

电压 – 电流型建设方案与电压 – 时间型相似，不同点表现如下：

（1）可在线路主干线电源侧约三分之一处设置一台自动化分段断路器，约三分之二处设置一台电压–电流型负荷开关。

（2）为满足速断保护时间级差要求，变电站出线断路器速断保护动作时间定值需放宽至 0.3s，否则线路主干线分段开关只能全部配置为电压电流型负荷开关。

（3）加装 A 相、C 相和零序 TA，其中 A 相和 C 相 TA 应选用保护、测量双绕组电流互感器，保护绕组准确级 10P20，测量绕组准确级 0.5 级（$1.2I_n$）。零序 TA，容量 0.5VA，变比 20/1。

该模式适合于 A、B、C 类供电区域。估算一回线路造价约 30 万元人民币（按三分段一联络计算）。

2.2 故障定位技术

随着电力系统规模逐渐扩大，网络结构日趋复杂，用户对电能的稳定性要求要求越来越高。这就要求电力系统在正常运行时，防止故障发生；故障发生时，能够快速、准确定位故障位置，迅速排除故障、解决问题，确保电力系统安全、稳定运行，将损失降至最低。

2.2.1 重合器和分段器定位技术

重合器是具有自动重合闸功能的断路器，一般用于户外线路上，能快速恢复瞬时性故障、隔离永久性故障。分段器是具有隔离断开功能的负荷开关，不具备开断短路电流能力，可以开合额定电流，关合短路电流。一般与重合器配合，配置相应控制器，可实现线路故障定位，并将故障段隔离。

如果故障为永久性故障，则重合器重合失败，再次跳闸并重合。经过设定的重合次数后，重合器闭锁重合，线路失电。分段器对重合器的重合次数进行计数，当达到整定值后，分段器分闸，将故障隔离开。如果分段器计数未达到整定值而故障已被隔离，则经过延时后恢复到初始状态，对下一次故障可重新计数。采用这种方法可以对故障进行定位和隔离，并且不需要运维人员操作。如果故障为永久性故障，隔离故障需要多次重合，增加了对系统的冲击次数；隔离故障时会波及非故障区段，造成非故障区段的停电；馈线越长，分段越多，逐级延时时间越长，从而使恢复供电所需时间也越长。

2.2.2 SCADA 和 FTU 定位技术

SCADA 即数据采集与监视控制系统，在远动系统中占重要地位，可以对现场的运行设备进行监视和控制，以实现数据采集、设备控制、测量、参数调节以及各类信号报警等各项功能。FTU 即馈线终端设备，FTU 是 SCADA 的重要组成部分，为 SCADA 提供配电系统运行情况和各种参数即监测控制所需信息。

FTU 具有遥信、遥测、遥控功能，它检测到故障电流会通过 SCADA 通信网络将数据上传，由主站通过运算分析对故障进行定位。对于辐射型或开环运行的环网，电源侧最后一个通过短路电流的开关以及第一个通过短路电流的开关之间即为故障区段，可以通过检测沿线开关通过的短路电流对故障点进行定位。对于环网，发生故障后，各电源点的电流都会流向故障点，而在故障区段其两端的故障电流功率方向相反，通过判断短路电流的功率方向即可定位出故障点。利用这种方法能够一次性定位出故障区段，而不需要重合器进行重合。但是 FTU 和 SCADA 通信网络成本较高，一般只对重点线路配置。

2.2.3　故障指示器定位技术

故障指示器是一种独立的故障指示装置，具有电流采集、故障检测的功能。在线路上安装故障指示器后，当线路发生故障时，将导致故障点到馈电点之间线路上所有的故障指示器发生闪亮报警动作，方便巡线员从馈电点开始，沿着故障指示灯闪亮的线路一直查找，最后一个闪亮点就是故障区段的开始点。故障指示器定位原理如图 2-5 所示。

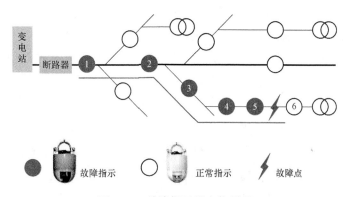

图 2-5　故障指示器定位原理

故障指示器通过电流、电场传感器，直接在线缆上实时监测，监测过程不影响电网的正常运行。当馈线电流不小于设定的故障电流值时，若持续的时间小于设定的电流突变时间，故障指示器不动作；相反，则判断为故障电流，故障指示器闪光、报警。故障指示器报警动作后再作一次判断：如果较短时间 t 内（时间长短可由用户根据实际情况和经验设置）线路电流恢复正常，说明线路断路器重合闸成功，故障点被排除，恢复正常供电状态，故障指示器恢复正常状态。若较短时间 t 内，线路电流消失，说明故障已经引发上级断路器跳闸而导致线路失压，则确定为故障，故障指示器保持动作，直到达到设定的恢复时间自动恢复正常状态。

尽管故障指示器在很大程度上解决了故障定位的问题，相比重合器和分段器定位技术、SCADA 和 FTU 定位技术更快速、更直观，但是缺点还是显而易见的。由于配电网中交流电是按照时间频率不断变化方向和大小的相量，完全根据固定的电流、固定的时间来进行判断，不能满足精准定位的要求。因此在很大程度上故障指示器的时间设置和电流设置需根据巡线人员对配网线路了解情况进行经验判断和调整。

2.3   配电调度自动化技术

2.3.1   配电调度自动化的系统建设

一般而言，电力系统是动态平衡的自动控制系统，不存在存储电能的问题。随着经济的逐步发展、人口的逐步聚集、城市化的进程稳步推进，在整个发电、输电、配电、用电的体系结构中，配电系统继承电力系统结构庞大和复杂的特点、负荷变化瞬时性、随机性的特点、负荷需求平衡性特点，涉及的运行、控制人员较多。为保证配网的可靠性与经济性，其配电调度自动化技术是配电网自动化技术中的关注重点。系统运行部是配网调度的责任部门，协调配网负荷的平衡，确保配电网正常、安全运行，降低事故事件的发生概率，保障配网合理运行、提高配网运行的经济性和确保电能质量高效使用。配网调度系统的基本工作包括：配网负荷预测、运行方式安排、倒闸操作只会、事故处理和经济性调度。

随着技术的发展，大量的自动化装置、计算机技术和电子技术在配电网自动化领域得到充分运用，在配网调度自动化方面得到了充分的运用。随着调度自动化系统的发展，遥控和遥调逐渐加入到 SCADA 系统中来，构成了完整的 SCADA 功能，调度工作人员不仅具备了"千里眼"，还具备了"千里手"。能够完成网格计算分析（状态估计、潮流计算、最优潮流）、自动监视（安全分析、事故预警）、负荷计划（负荷预测）、电网自动优化控制（自动电压控制 AVC、经济调度 EDC）。配电网自动化系统以遥信量与遥测量实现监控功能，以遥控量与遥调量实现控制功能。在此基础上，整合基本数据的存储、统计、分析功能。

2.3.2   配电调度自动化监控系统的主站技术

配电调度自动化监控系统是由主站系统，分站系统、通信系统组成，主站系统安装在自动化机房，是由多台计算机组成的网络系统，主要完成分站采集的状态、数据显示、存储功能；完成电网的自动监控和自动控制等功能。分站系统主要安装在变电站，由数据采集和控制单元组成，主要是远程控制终端（Remote Terminal Unit，RTU），完成安装地点的电网运行状态、数据采集以及设备的远程控制功能。通信系统由各种通信通道和通信设备组成，主要完成分站和主站系统的远程通信功能。由此可知，主站系统是整个配电网自动化系统的中枢神经系统，起着至关重要的作用。

主站系统由通道柜、前置机、管理服务器、计算分析服务器、人机交互平台组成。其中通道柜主要完成分站信号的接入功能；前置机提供数据采集、规约解释、规约转换等通道服务；管理服务器提供数据的存储和访问服务；计算分析服务器提供配网计算分析和优化控制；人机交互平台提供用户操作接口。设备运行状态通过模拟数据装置（AD 转换装置）转换为数字量，由 RTU 在前端进行数据采集，采集数据包括测量量（YC）、状态量（YX）、电度量（DD），在通过专用的通讯通道发送至通信柜和前置机进行规约转换，然后由管理服务器进行数据分类和存储，再由分析服务器调用数据开展分析，最后交给人机交互平台呈现并接受用户指令，依次通过系统总线和通信通道将控制量（YK、YT）传达至控制机构进行自动化控制。其数据流向如图 2-6 所示。

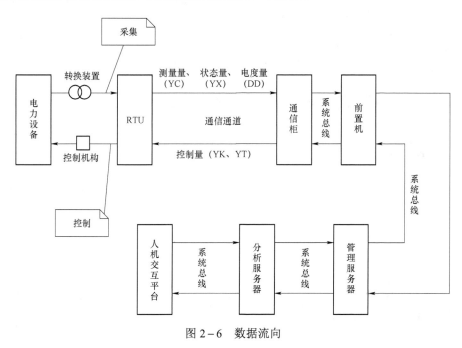

图 2-6　数据流向

2.3.3　配电调度自动化监控系统的分站技术

配电调度自动化监控系统的分站系统主要包括远程终端单元（针对主站而言）和配电网自动化系统，远程终端采集系统负责设备信号与控制信号的采集与接收，配电网自动化系统较为复杂，主要是通过对配电网二次设备的功能进行重组和优化，对配电网的全部设备的运行情况进行监视和测量。因此，配电网自动化系统的设计有较高要求，其具体的设计原则必须满足以下要求：① 配电网自动化系统可以全面替代常规二次设备；② 微机保护装置应具有串行接口或现场总线接口，向计算机监控系统或 RTU 提供保护动作信息或保护定值等信息；③ 必须保证配电网自动化系统具有高的可靠性和强的抗干扰能力，同时系统标准化程度高，必须具备良好的扩展性与适应性。

从国内外配电网自动化系统的发展过程来看，其结构形式主要有集中式、分散式两种。集中式结构的综合自动化系统框架如图 2-7 所示。

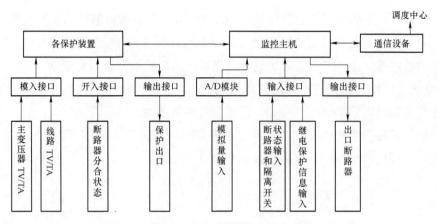

图 2-7 集中式结构的配电网自动化系统框架

分散式结构的配电网自动化系统框架如图 2-8 所示。

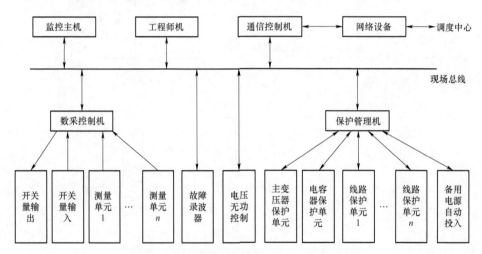

图 2-8 分散式结构的配电网自动化系统框架

第 3 章
配电网自动化设备检测技术

适用于配电网的各种远方检监测、控制单元的总称，称为配电网自动化终端。主要包括配电网自动化馈线终端、配电网自动化站所终端、故障指示器、线路智能录波监测装置、智能成套设备五个大类。目前国内配电网自动化终端设备产品质量参差不齐。为保证在配电网自动化建设中选用的产品功能齐全、性能优越、耐用可靠，在设备招标选型、设备到货等阶段，应依据配电网实际情况和相关技术要求开展检测工作。

配电网自动化终端检测之前，应查阅检测对象的有关图纸、技术资料，清楚检测对象的运行及缺陷情况、周围设备的带电情况，采用配电自动化终端测试装置（或是继电保护测试仪）、模拟断路器、升流器、升压器、绝缘电阻表等高精度专业工器进行检测。

3.1   配电网自动化终端检测技术

3.1.1   配电网自动化终端的检测范围

配电网自动化终端安装在配电网馈线回路的柱上和开关柜等处。并具有遥信、遥测、遥控和故障电流检测（或利用故障指示器检测故障）等功能的远方终端。

配电网自动化终端具有遥控、遥信，故障检测功能，并与配电网自动化主站通信，提供配电系统运行情况和各种参数即监测控制所需信息，包括开关状态、电能参数、相间故障、接地故障以及故障时的参数，并执行配电主站下发的命令，对配电设备进行调节和控制，实现故障定位、故障隔离和非故障区域快速恢复供电等功能。

配电网自动化终端检测是针对设备的结构、功能、性能及其他相关影响因子进行检测。

3.1.2   配电网自动化终端检测方法

配电网自动化馈线终端检测包含设备结构检查、功能与性能检测、保护功能检测、影响量检测四个维度，并为每个维度设立相关的检查项目，每个检查项目按照检测的重要性分为关键检查项目和一般检查项目。

3.1.2.1   资料检查

检查参检产品的产品质量合格证及在国家级机构进行的形式试验合格证书，形式试验证书需包括高温、低温、恒温湿热、高频干扰、静电放电、工频磁场、阻尼振荡磁场、绝缘电阻、绝缘强度、电压跌落、浪涌、电快速瞬变等试验。

检测方法：检查送检厂商是否提供以上要求证书，试验内容是否完整，对于不完整的项目进行记录。

3.1.2.2 外观及结构检查

1. 屏柜外观及结构检查

检查挂式箱体外壳、终端控制箱、电池、充电模块、端子排等 5 部分的外观及结构。

（1）电池的安装结构要求维护更换方便，可以独立拆卸（在拆卸电池时不涉及其他部件）。

（2）配电网自动化终端除电池外，整体应置于独立的终端控制箱内，终端控制箱通过螺栓固定在挂式箱体内，终端控制箱材料厚度不小于 1.5mm，表面作喷涂处理。

（3）挂式箱体外壳防护等级不应低于 IP55 防护等级要求；外壳设置专用独立的保护接地引线安装螺栓，接地螺栓截面积不小于 16mm²，有明显的接地标志。

（4）挂箱颜色：RAL7035，要求采用工业机箱，挂箱宽深高尺寸不大于：600mm×300mm×800mm。

（5）机箱需为通信设备预留安装空间。若采用无线公网通信方式（如 GPRS/CDMA），通信模块采用与主控单元一体化设计，不需要扩展通信机箱。若采用载波、光纤等机柜式通信设备，通信设备安装架按标准服务器尺寸设计，在主控单元上方扩展通信机。

（6）应具备防雷器等完备的防雷保护措施。

（7）箱体内要求配置接地铜排，内部设备接地线（接地线用截面积不小于 2.5mm² 的多股专用接地线）应汇总至接地铜排上再引接至箱体接地，箱体外须备有不锈钢接地端子（不可涂漆），可方便地接到所安装场所的接地网上。

（8）箱体下方预留接线航空插头，要求接线方便；箱体下方预留无线通信用的天线外露孔，确保信号不会被屏蔽。

（9）电源及信号接线均经由箱体内的端子板来转接。端子板内交流电源及直流电源应为独立端子板，并须考虑避免两者可能误接设计。遥信、遥测、遥控回路应设独立端子板，端子板有明确标识。

（10）二次端子排应采用阻燃 V0 级可通断端子，连接导线和端子必须采用铜质零件。电压输入回路采用熔断器保险端子；电流回路导线截面积不小于 2.5mm²，控制、信号、电压回路导线截面积不小于 1.5mm²，保证牢固可靠。机箱中的内部接线应采用耐热、耐潮和阻燃的具有足够强度的绝缘多股铜线。

检测方法：检察送检样品是否满足以上要求，对于不符合的项目进行记录。

2. 设备标识检查

（1）所有设备（包括继电器、控制开关、控制回路的开关及其他独立设备）都应有标签框，以便清楚地识别。外壳可移动的设备，在设备的本体上也应有同样的识别标记。

（2）端子板定义须采用印刷字体并贴于箱门内侧；所有端子板均有清楚接线编码标示。

（3）铭牌检查：挂箱\机柜外配蚀刻不锈钢铭牌，厚度 0.8mm，铭牌内容至少包括名称（配电网自动化测控配电终端）型号、装置电源、操作电源、额定电压、额定电流、产品编号、制造日期及制造厂名等。

（4）应在适当位置配设定值表和定值整定指南贴纸或铭牌。

检测方法：检查送检样品是否符合以上要求，对于不符合的项目进行记录。

3. 操作面板、运行状态指示、连接片、转换开关及按钮布置检查

（1）装置箱体内正面具有操作面板，面板上安装远方/就地选择开关、继电保护功能/馈线自动化功能转换开关及其对应指示灯，选择开关拨至相应功能时，面板上相应指示灯亮。如具备智能分布式功能，转换开关可增加智能分布式档。厂家应做好防止误碰功能选择开关的措施。

（2）箱体操作面板应分别设置独立的装置工作电源和开关控制电源空气开关。

（3）主控单元及扩展单元所有内部运行状态指示应齐全，至少包括运行、通信和电源等信号指示灯。

（4）箱体操作面板应设置装置出口及功能连接片，并按规范进行布置。出口连接片包括保护跳闸、保护合闸、遥控/电动合闸、遥控/电动分闸，功能连接片包含安全自动控制功能投入、停用重合闸；检修状态投入连接片；连接片采用普通分立式，开口端应装在上方，不得采用拔插式连接片。出口连接片采用红色，功能连接片采用黄色，备用连接片采用浅驼色，正常运行退出的连接片（如保护检修状态连接片）可采用与备用连接片一致的颜色，连接片的底座色采用浅驼色，连接片头采用红、黄、浅驼色，禁止取下连接片头以防混淆颜色。

（5）复归按钮、合闸按钮、分闸按钮均要加装防护罩。复归按钮采用灰色、合闸按钮采用红色、分闸按钮采用绿色。

检测方法：检查送检样品是否符合以上要求，对于不符合的项目进行记录。

4. 二次安全防护设备检查

配电网自动化终端有线专网、无线专网、无线公网通信接口处均应配置二次安全防护设备，加密算法至少支持国密 SM1、SM2、SM3 算法及国密 IPSEC 规范，配置要求：① 网口型配置 2 个 10M/100M 以太网接口；GPRS－串口型配置 1 个 RS-232 串行口连接配电终端，1 个内置无线路由模块连接无线网络。② 具备 1 个 RS-232/Console 配置接口。

测试方法：检查终端的二次安防配置情况是否满足技术要求。

3.1.2.3 基本功能检测

1. 电源模块功能试验

（1）装置应支持双交流供电方式。正常情况下，由电源 TV 取电供电。当交流电源中断，装置应在无扰动情况下切换到另一路交流电源或后备电源供电；当交流电源恢复供电时，装置应自动切回交流供电。

（2）电源模块应能为装置及遥控、遥信、遥测单元提供电源，并为通信模块提供 DC 24V 电源，装置正常工作时整机功耗不大于 20VA（不含外部通信设备和后备电源充电）。

（3）装置应能实现对供电电源的状态进行监视和管理，具备后备电源低压告警、欠压切除等保护功能，并能将电源供电状况以遥信方式上传到主站系统。

（4）具有智能电源管理功能，应具备电池活化管理功能，能够自动、就地手动、远方遥控实现对蓄电池的充放电，且充放电间隔时间可进行设置。

（5）根据需求可选用锂电池或铅酸电池；应保证在交流失电后，装置可正常工作 8h 以上，在确保故障信息传输的同时，可驱动开关分合闸操作 3 次。

检测方法：

步骤一：装置在两路交流都接上时，切掉一路交流电源，检查装置是否运行正常，供电是否无间断不重启；同时切断两路交流电源，检查装置是否切换到由后备电源供电，恢复交流电源，检查装置是否自动切回交流供电。在以上切换过程中装置供电应无间断不重启。

步骤二：使用万用表测量电源模块为装置及遥控、遥信、遥测、通信单元提供的电源是否符合要求，使用功率表测量终端整机功耗。

步骤三：在后备电源上串联可调电阻调节输出电压，达到低压告警设定值后检查装置是否产生电源低压告警、继续降低电压达到欠压切除设定值后检查装置是否能切除电源。同时电源供电状况以遥信方式上传到上级系统。

步骤四：在就地及主站远方进行电池活化，检查是否能正常启动活化功能。

步骤五：将蓄电池充满电，切除交流电源，检查蓄电池是否可以保证装置正常运行 8h；同检查是否可驱动开关分合闸操作 3 次。

2. 遥测要求检测

（1）采集电压、电流，实现有功功率、无功功率、功率因数的计算。

（2）采集馈线故障电流。

（3）采集零序电流或电压。

（4）采集蓄电池电压等直流量。

（5）变化遥测刷新时间≤3s。

（6）交流采样容量可根据需要单独选择配置。

测试方法：

步骤一：在用配电终端维护软件和模拟主站查看采集数据是否包括上述内容。

步骤二：使用高精度三相标准源（以下简称：三相源）输入变化遥测量，使用秒表记录配电终端维护软件和模拟主站显示数据变化的延时是否满足要求。

3. 模拟量精度检测

（1）交流采样电压、电流，测量精度：0.5 级；

（2）有功功率、无功功率，测量精度：1.0 级；

（3）直流采样支持 0～48V，误差不大于 0.5%；

（4）故障电流输入范围不小于 20 倍额定电流，故障电流总误差不大于 3%。

测试方法：

步骤一：使用三相源输入 0、25%、50%、75%、100%、120%额定电流值，输入 0、20%、40%、60%、80%、100%额定电压值，用模拟主站软件查看测量值，记录并进行精度计算。

步骤二：使用三相源，在电压额定值的情况下，分别选取（$I=0.5I_n$、$\Phi=45°$）；（$I=I_n$、$\Phi=-45°$）；（$I=I_n$、$\Phi=90°$）；（$I=I_n$、$\Phi=-90°$），用配电终端维护软件查看测量值，记录并进行精度计算。

步骤三：使用直流标准电源，测试选取直流电压为 5、15、24、48V 分别进行测试，用模拟主站软件查看测量值，记录并进行精度计算。

步骤四：使用三相源，模拟故障电流为 20 倍额定电流，持续 1S，用模拟主站软件查看测量值。

4. 遥测死区功能试验

采集死区与上送死区应独立，每个遥测上送死区可独立设置。

检测方法：

步骤一：用配电终端维护软件设置遥测死区变化值为 10%。

步骤二：用三相源给终端加一个初始量，按额定值 2%步增或步减，用模拟主站软件观察终端是否上送或不上送对应遥测量。

注：如累计值大于死区设定值时，遥测应以变化遥测主动上送，必须在总召唤前完成。

5. 遥测越限告警功能试验

终端应具备遥测越上限或越下限告警功能，并能将信息主动上传主站；遥测越限判据应由越限阈值和越阈值延时时间两个条件组成，且越阈值比例可配置。

检测方法：

步骤一：用配电终端维护软件设置，遥测上、下限阈值及延时时间（测试时可按 $I_上=5.5A$，$t=2s$ 及 $U_下=95V$，$t=2s$ 进行设置）。

步骤二：用三相源输入遥测值 $I=5.4A$，升高电流达到 5.6A，延时分别在 2s 以上和

2s 以下进行两次测试，测试终端是否有对应告警。

步骤三：用三相源输入遥测值 $U=105V$，降低电压达到 95V，延时分别在 2s 以上和 2s 以下进行两次测试，测试终端是否有对应告警。

6．状态量（遥信）输入试验

（1）遥信量采集包括：开关位置、远方与就地切换把手位置、保护（包括过流、接地）动作、故障信息、FTU 异常或故障、开关操动机构异常、工作电源异常、电池低压告警、电池欠压切除、遥测越限告警信号等信息，并向配电网自动化主站发送，状态变位优先传送。

（2）遥信输入回路采用光电隔离，并具有软硬件滤波措施，防止输入接点抖动或强电磁场干扰误动，遥信抖动脉冲宽度可设。

（3）具备事件顺序记录功能，记录装置变位遥信、事故遥信、开关事故分合闸次数统计、事件 SOE 等，并可根据遥信点表要求上送配电网自动化主站，供事故追忆。通信中断时未发送的事件顺序记录 SOE 应在通信恢复时补发，且不重发多发。且支持单点、双点遥信上送主站。

（4）遥信变位响应时间不大于 50ms，遥信变位主动上送到主站时间不超过 1s。

（5）仅考虑无源空触点接入方式，遥信输入回路应有 500DC 的光电隔离。

（6）遥信采集容量可根据需要单独选择配置。

检测方法：

模拟所有软件遥信、硬件遥信，观察对应指示灯、配电终端维护软件、模拟主站软件有相应信号变化及 SOE 变化上送是否符合要求。

生产厂家提供光电隔离部件资料供核查。

7．SOE 分辨率试验

SOE 分辨率不大于 2ms。

测试方法：

利用 SOE 信号发生器接入装置所有遥信开入点，并按时间间隔为 2ms 的信号持续 10s，测试终端是否正确记录。检查终端和后台的 SOE 记录，要求所有开入接点的 SOE 时标一致，且分辨率达到不大于 2ms 要求。

8．开入量防抖动功能试验

（1）终端具备开入量防抖动功能，当开入量持续时间小于防抖时间定值时，终端不应产生该开入的变位和 SOE 信号。

（2）软件防抖动时间 6～60 000ms（步长 0.1ms）可设。

测试方法：

步骤一：用配电终端维护软件进行遥信防抖时间设置，分别设置为 5、1000、10 000、60 000ms，检查是否设置成功。

步骤二：设置遥信防抖时间为 20ms，用遥信 SOE 发生器分别输入 18、22ms 不同单路遥信脉宽，观察模拟主站是否有对应遥信 SOE 上送。

步骤三：设置遥信防抖时间为 50ms，用遥信 SOE 发生器分别输入 48、52ms 不同单路遥信脉宽，观察模拟主站是否有对应遥信 SOE 上送。

9. 遥控正确性试验

（1）接收并执行配电网自动化主站遥控命令，规约应能支持单点遥控、双点遥控可配置。

（2）遥控应严格按照预置、返校、执行的顺序进行。

（3）具备遥控防误动措施，保证控制操作的可靠性。

（4）遥控指令应可记录保存，区分主站和当地遥控记录并保存，保存最近至少 50 次动作指令。

（5）遥控输出方式：继电器常开接点。接点容量：DC 24V、10A。

（6）遥控容量可根据需要单独选择配置。

检测方法：

步骤一：选择直接遥控执行，终端应不执行。

步骤二：选择预置、预置取消、执行，终端应不执行。

步骤三：选择预置、通信中断、超时、执行，终端应不执行。

步骤四：选择采用错误信息体地址，遥控，终端应不执行。

步骤五：选择采用正确地址，预置、返校、执行，终端应执行。

步骤六：分别配置单点遥控、双点遥控，检查是否支持单点遥控、双点遥控可配置。

步骤七：检查遥控继电器部件资料。

10. 遥控保持时间设置功能试验

（1）遥控保持时间 100～1000ms（步长 10ms）可设。

（2）在 100～1000ms 范围内设置一路遥控的动作保持时间，遥控时分/合闸继电器闭合的保持时间应与设置的时间一致。

检测方法：

步骤一：调试软件设置遥控保持时间在 300ms。

步骤二：进行遥控操作，使用示波器测量遥控时分/合闸继电器闭合时出口脉冲时间与设置时间是否一致。

11. 遥控异常自诊断功能试验

（1）同一遥控点不能同时接收两个不同主站的遥控命令。

（2）具备遥控异常自诊断功能，在预置返校后，在设定时间内，由于通信中断或执行命令未下达，应自动取消本次遥控命令。

检测方法：

步骤一：使用两个模拟主站同时连接配电终端，主站 a 下发选择遥控命令后，测试主站 b 是否仍可成功对装置下发同样命令；主站 b 预置、返校、超时、执行，应均不执行。

步骤二：使用单个模拟主站连接配电终端，下发选择遥控命令后，不执行后续操作，终端应在设定的延时后取消本次遥控操作任务。

12. 对时功能试验

支持主站和北斗卫星/GPS 时钟校时功能，FTU 24 h 自走时钟误差不大于 0.5s，主站对时误差不大于 10ms。

检测方法：模拟主站设置一条对时报文，与终端进行对时，对时后查看终端系统时间是否与报文设置时间一致。

13. 通信接口及规约检查

（1）支持 RS-485/RS-232 通信，并配置 2 个及以上标准 9 针接口，传输速率可选用 600bit/s、1200bit/s、2400bit/s、4800bit/s、9.6kbit/s、19.2kbit/s、2048kbit/s 或更高的传输速率。

（2）支持 10/100 BASE-T 自适应以太网络通信，基本配置 2 个以太网接口。

（3）支持多种规约灵活配置功能，与多个主站和子站同时进行通信。

（4）支持 DL/T 634.5104—2009《远动设备及系统 第 5-104 部分：传输规约采用标准传输协议集的 IEC 60870-5-101 网络访问》、DL/T 634.5101—2002《远动设备及系统第 5-101 部分：传输规约基本远动任务配套标准》。

检测方法：检查并记录终端接口数量及类型，使用通信规约测试软件，测试终端通信协议。

14. 通信可靠性试验

（1）设备在电源切换时通信应不掉线。

（2）通信设备掉电重启，通信应自动恢复正常。

（3）在电源切换、掉电重启过程中信号不误发、不多发、不漏发。

检测方法：

步骤一：在交流与交流，交流与后备电源之间进行切换，测试通信状态是否正常。

步骤二：重启设备测试通信状态是否正常。

步骤三：在以上过程中使用 SOE 发生器触发 100 个 SOE，检查主站接收的 SOE 正确、完整且不多发。

15. 无线通信模块试验

（1）应支持多模：2G、3G、4G、TD-LTE（无线通信专网）及不同制式通信方式，采用标准化、嵌入式、可插拔设计，电源取自配电网自动化终端。应选用业界主流厂商工业级无线通信芯片，投标方应提供投标所采用的无线通信芯片生产厂商和型号。

（2）应实现对中国移动、中国联通、中国电信、中国广电等四大移动运营商无线通信网络的全网通功能。应具备"双卡双待""双网络"同时接入、网络自动切换、静态 IP 地址、用户名/密码/SIM 卡号/设备序列号或 mac 地址的绑定认证、远程管理和异常告警等功能。

（3）天线的阻抗应与无线通信芯片匹配，天线的增益应大于 5.0dBi。

（4）通信模块接收信号灵敏度：≤－102dBm（GSM900 MHz 频段、DCS1800MHz 频段）。

（5）最大输出功率：GSM900MHz 频段 33dBm±2dBm，DCS1800MHz 频段 30dBm±2dB。

（6）频率稳定度：GSM900MHz±90Hz，DCS1800MHz±180Hz。

（7）支持永远在线：设备加电自动上线、线路保持。

（8）应配置管理接口用作本地和远程的管理，包括配置管理、安全管理、故障管理以及性能管理等功能。

检测方法：

步骤一：检查并记录无线通信芯片生产厂商和型号，检查通信模块是否支持以上功能要求。

步骤二：将终端上电，检测上电后终端是否会自动连接测试主站，并保持良好通信。

步骤三：检查是否配备管理接口用于本地和远程的管理，检查功能是否齐全。

步骤四：使用无线模块测试仪测试接收信号灵敏度、最大输出功率、频率稳定度是否满足要求。

16. 数据处理及传送功能试验

（1）模拟量处理功能：模拟量输入信号处理应包括数据有效性判断、越限判断及越限报警、死区设置、工程转换量参数设置、数字滤波、误差补偿（含精度、线性度、零漂校正等）信号抗干扰等功能。

（2）开关量处理功能：开关量输入信号处理应包括光电隔离、接点防抖动处理、硬件及软件滤波、基准时间补偿、遥信取反、计算、数据有效性判断等功能。

（3）存储功能：历史数据应至少保存：最新的 256 条事件顺序记录和 256 条遥信变位，最新 10 条故障电流信息，最新的 50 次遥控操作指令。历史数据可随时由主站召测，失电或通信中断后数据可保存 6 个月以上。

（4）终端在故障、重启过程中不应引起误操作及数据重发、误发。

检测方法：

步骤一：根据遥测和遥信测试结果与检查结果判断终端是否具备（1）和（2）的处理功能。

步骤二：根据雪崩处理能力测试所发生的事件，查看存储器记录事件的总数，并检查存储器的存储类型，以此判断数据是否能保存6个月以上。

步骤三：对配电终端设备进行掉电重启操作，在与模拟主站重新建立连接的过程中不应出现误操作及数据重发、误发的情况。

17. 调试和维护功能试验

（1）具备查询和导出历史数据、定值、转发表、通信参数等，支持通过配电网自动化101/104规约实施细则进行在线修改、下装和上载定值、转发表（包括模拟量采集方式、工程转换量参数、状态量的开/闭接点状态、数字量保持时间及各类信息序位）、通信参数等，下装和上载程序等维护功能。

（2）具备监视各通道接收、发送数据及误码检测功能，可方便进行数据分析及通道故障排除。

（3）通过维护口及装置操作界面可实现就地维护功能，通过远动通信通道实现远程维护功能，就地与远程维护功能应保持一致。

（4）系统维护应有自保护恢复功能，维护过程中如出现异常应自动能恢复到维护前的正常状态。

（5）应至少可设置两级维护密码，可按权限分级开放维护功能。

（6）具有液晶显示，提供全汉化中文菜单，操作简洁，便于现场维护。

（7）具备远程维护功能。采用与实时数据传输不同的通道，可以调取就地终端的历史事件记录（包括SOE），终端的定值配置，逻辑功能配置，三遥点表等信息，保护动作、TV断线等异常信号需有明显的弹出窗口提示。

（8）以下两种方式实现：一是通过远动通道使用远动规约实现参数下发及配置读取；二是采用非远动通道调取就地终端的历史事件记录（包括SOE），终端的定制配置，三遥点表，故障录波数据，通道监视等信息。

检测方法：检查样品终端是否支持以上功能要求，对于不符合的项目进行记录，使用维护软件对终端的软件、参数和规约进行远程设置，检查装置是否升级成功及相关参数是否正确。

18. 切换功能试验

（1）终端应具备远方和本地控制切换功能，控制方式置于远方时，应闭锁终端操作开关，置于本地时应闭锁远方操作开关。

（2）具备继电保护功能/馈线自动化功能的切换，投入保护功能时退出馈线自动化功能并屏蔽相应定值项整定，投入馈线自动化功能时退出保护功能并屏蔽相应定值项整定。

测试方法：

步骤一：切换终端为远方或本地状态，分别用主站及终端本地按键进行操作，检查操作是否与远方或本地状态对应。

步骤二：对继电保护功能/馈线自动化功能进行切换，并检查相应的功能有无退出，定值项有无屏蔽整定。

19. 自诊断自恢复功能试验

（1）应具备自诊断及自恢复功能。装置在正常运行时定时自检，自检的对象包括定值区、开出回路、采样通道、E²PROM、储能电容或蓄电池等各部分。自检异常时，发出告警报告，通信中断或掉电重启应能自动恢复正常运行。

（2）终端电源失电或通信中断后数据自动保存，断电瞬间不应出现测量错误，配电终端初始化过程不能误发信息。电源恢复时，配电终端应自动恢复断电前的工作状态。

测试方法：

步骤一：分别模拟上电自检、蓄电池失压、通信中断和掉电重启运行情况，观察模拟主站软件是否有对应信息上送或通信重新连接。

步骤二：断开配电终端与模拟主站的连接，使用遥信 SOE 发生器模拟 3 组遥信变位信息，然后对其进行掉电重启操作。重启过程中主站发起建立通信连接命令，配电终端重启后应能正常与模拟主站重新建立连接，并正确上送历史变位信息。

20. 雪崩试验

雪崩测试在模拟非正常运行情况下，信息剧增可能造成的各种对终端处理能力的影响。通过测试来反映终端能否同时处理所有遥信和遥测信号的快速变化，要求终端在雪崩测试过程中能正常向主站发送信息，不死机，不漏发、多发和错发信号。

测试方法：将所开入量和遥测输入端子接入测试信号，遥信变化由 500ms 为单位，遥测变化以 1s 为单位，测试持续 1min。在测试过程中，要求终端应能正常工作，事件记录完整，事件顺序记录能真实反映试验情况。

21. 工作电源波动影响量测试

通过调压器改变被试终端的电源电压为额定电压的 +20%～－20%（其余各项为额定值），测试模拟量采集精度、遥信正确性、遥控正确性、SOE 分辨率、故障分析功能等项目，各项指标应能满足规范要求，因电源波动引起的改变量应不大于准确度等级指数的 50%。

3.1.2.4　保护功能检测

1. 定值规范化检查

定值项目（包括软、硬压板）统一按技术要求进行设置；具备多个定值区的设置，并在界面标示运行定值区。

测试方法：

步骤一：对定值项目进行规范性检查。

步骤二：设置多个定值区，进行切换，并在界面查看当前显示的定值区是否正确。

2. 过流保护功能试验

具有过电流保护功能，可对电流保护动作时限、相间电流定值进行设定；最少分两段进行故障判断，每一段的动作电流和跳闸延时均可以由用户自由设定。每一段的动作电流（0～20I_n，步长0.01A，误差1%以内）和跳闸延时（0～99s，步长0.01s，误差1%以内）均可以由用户自由平滑设定。（准确度，0s：≤40ms），保护跳闸出口固有时间不应大于40ms。

测试方法：

步骤一：用配电终端维护软件，设定两段不同的相间电流保护动作时限和电流定值；

步骤二：根据以上设定的相间电流保护动作时限和电流定值，用继电保护测试仪分别模拟相间电流时序，观察模拟主站软件是否有正确报文上送；

步骤三：根据以上设定的电流保护动作时限和电流定值，用继电保护测试仪分别模拟电流时序，观察终端是否有对应的故障指示灯；

步骤四：根据以上设定的电流保护动作时限和电流定值，用继电保护测试仪分别模拟电流时序，观察终端是否发出跳闸命令，并记录跳闸出口时间，判断是否满足要求。

3. 零序保护功能试验

可对保护动作时限、电流定值进行设定；分两段进行故障判断，每一段的动作电流均可以由用户自由平滑设定。各段均可选择跳闸或告警。动作电流（0～20I_n，步长0.01A，误差1%以内）和跳闸延时（0～99s，步长0.01s，误差1%以内）均可以由用户自由平滑设定。（准确度，0s：≤40ms），保护跳闸出口固有时间不应大于40ms。

测试方法：

步骤一：用配电终端维护软件，设定零序电流保护动作时限和电流定值；

步骤二：根据以上设定的零序电流保护动作时限和电流定值，用继保仪分别模拟电流时序，观察模拟主站软件是否有正确报文上送；

步骤三：根据以上设定的零序电流保护动作时限和电流定值，用继保仪分别模拟电流时序，观察终端是否有对应的故障指示灯；

步骤四：根据以上设定的零序电流保护动作时限和电流定值，用继保仪分别模拟电流时序，观察终端是否发出跳闸命令。并记录跳闸出口时间，判断是否满足要求。

3.1.2.5 逻辑功能测试

1. 自动重合闸功能试验

（1）应具备一次重合闸和二次重合闸功能，并可通过控制字选择投入一次或二次重合闸，应具备检无压重合闸、检同期重合闸、不检无压及不检同期重合闸功能，并能通过控制字选择，检无压方式在有压后自动转为检同期方式。

（2）检无压重合闸定值固定取40%额定电压，检同期重合闸的电压差定值固定取20%额定电压、角度差定值固定取30°；上述定值不开放整定。

（3）重合闸应具备后加速功能，固定加速过流Ⅰ段和零序过流Ⅰ段，加速过流Ⅰ段瞬时动作，加速零序过流Ⅰ段固定延时100ms动作，后加速不带方向。

（4）重合闸功能应设置软压板实现远方投退。

（5）重合闸功能有关时间段的设置应满足时序要求。且当投入一次重合闸时，重合闸充电时间固定取 15s，当投入二次重合闸时，重合闸充电时间固定取 180s，重合闸充电时间不开放整定。重合闸整组复归时间不小于 5min。一次重合闸延时 0～60s，步长 01s，误差 1% 以内，可以由用户自由平滑设定。二次重合闸 0～180s，步长 01s，误差 1% 以内，可以由用户自由平滑设定（准确度，0s：≤40ms）。

测试方法：

步骤一：检查配电终端的自动重合闸功能，通过控制字的投退，检测终端是否投入或退出相应的重合闸方式。检查重合闸软压板，是否可以实现远方投退重合闸功能。

步骤二：检查配电终端检无压、检同期定值、重合闸充电时间是否按要求进行整定。

步骤三：用配电终端维护软件，分别设置两次自动重合闸次数以及每次重合闸延时时限。

步骤四：用继电保护测试仪模拟相间短路故障/接地短路故障，观察终端是否有正确的跳闸输出。

步骤五：根据以上设定的重合闸参数，观察终端是否有正确的一次重合闸输出。

步骤六：经过一段延时，用继电保护测试仪再次模拟相间短路故障（过流 I 段动作定值）/接地短路故障（零序 I 段动作定值），观察终端是否有正确的跳闸输出，判断重合闸后加速是否成功，记录后加速时间，判断是否符合要求。

步骤七：根据以上设定的重合闸参数，观察终端是否有正确的二次重合闸输出。

2. 闭锁二次重合闸功能

（1）重合闸启动前，收到弹簧未储能闭锁重合闸信号，经延时后放电；重合闸启动后，收到弹簧未储能闭锁重合闸信号，重合闸不放电。

（2）具有闭锁二次重合闸功能，可设定闭锁二次重合闸时限。一次重合闸后在设定时间（可整定，默认 3s）之内检测到故障电流，则闭锁二次重合闸。

测试方法：

步骤一：用继电保护测试仪模拟相间短路故障，观察终端是否有正确的跳闸输出；

步骤二：模拟弹簧未储能信号，观察重合闸是否经延时后放电；

步骤三：合上开关，经过一段延时，用继电保护测试仪再次模拟相间短路故障，观察终端是否有正确的跳闸输出。

步骤四：待重合闸启动后，模拟弹簧未储能信号，观察重合闸有无放电。

步骤五：合上开关，经过一段延时，用继电保护测试仪再次模拟相间短路故障，观察终端是否有正确的跳闸输出。

步骤六：经过重合闸时间，终端正确的一次重合闸输出后；在定时间（可整定，默认 3s）之内输入故障电流。

步骤七：观察终端有无闭锁二次重合闸。

3. 涌流识别试验

具有涌流识别功能，可识别涌流识别定值。定值范围为0%～100%，步长1%。

测试方法：

步骤一：用配电终端维护软件，设定涌流识别定值；

步骤二：用继电保护测试仪模拟带有二次谐波分量的故障电流，在设定时间内观察终端有无跳闸输出。

4. 同期合闸功能试验

具备同期合闸功能，同期合闸功能控制字0代表退出，1代表投入。同期合闸允许电压差为10%～50%U_n，同期合闸允许相角差为10°～50°，同期合闸允许频率差为0～5Hz。

测试方法：

步骤一：投入或退出同期合闸功能控制字，检查同期合闸功能有无相应的更改。

步骤二：分别设置压差、角差、频差在允许合闸范围内进行同期合闸试验，检查终端能否正确合闸。

5. 电压断线闭锁功能试验

应采用三相电压判别，并具备电压断线闭锁功能。

测试方法：

用继电保护测试仪模拟输入电压，模拟电压断线情况，测试终端是否闭锁自动解列功能。

6. 电压越限自动解列功能试验

电压过低自动解列功能。当电压低于或等于50%U_n时，延时5.0s后自动分闸；设置电压过高自动解列功能，当电压高于或等于135%U_n时，延时0.2s后自动分闸；设置低电压自动解列功能，当电压介于（50%U_n，U_L]时，延时后自动分闸；设置高电压自动解列功能，当电压介于[U_H，135%U_n)时，延时后自动分闸。

测试方法：用继电保护测试仪模拟输入电压，在不同电压值的情况下，测试终端是否有正确自动分闸，并记录分闸时间。

7. 频率越限自动解列功能试验

设置频率过低自动解列功能，当频率低于或等于47.0Hz时，延时0.2s后自动分闸；设置低频自动解列功能，当频率介于（47.0Hz，f_L]时，延时T_{fL}后自动分闸；设置高频自动解列功能，当频率介于[f_H，55.0Hz)时，延时T_{fH}后自动分闸。

测试方法：用继电保护测试仪模拟输入频率，在不同频率的情况下，测试终端是否有正确自动分闸，并记录分闸时间。

8. 失电延时后分闸逻辑试验

利用继电保护测试仪模拟开关在合位、双侧失压、无流，失电延时时间到，终端应控制开关分闸。

测试方法：

用继电保护测试仪模拟开关在合位、双侧电压正常持续 30s 以上，双侧失压、无流，经过失电延时时间，终端应正确输出跳闸。

9. 得电延时后合闸逻辑试验

开关在分位、一侧得压、一侧无压，得电延时时间到，终端应控制开关合闸。

测试方法：用继电保护测试仪模拟开关在分位、一侧得压、一侧无压，经过得电延时时间，终端应正确输出合闸。

10. 单侧失压延时后合闸逻辑试验

开关在分位且双侧电压正常持续规定时间以上，单侧电压消失，延时时间到后，终端应控制开关合闸。

测试方法：用继电保护测试仪模拟联络开关在分位且双侧电压正常持续 30s 以上，任一侧失压，经过指定延时时间，终端应正确输出合闸。

11. 双侧均有电压时，禁止开关合闸逻辑试验

联络开关模式，开关处于分闸状态时，两侧电压均正常时，此时配电终端应闭锁合闸功能。

测试方法：用继电保护测试仪模拟联络开关在分位且双侧电压正常，终端应无合闸输出。

12. 闭锁合闸功能试验

（1）电压时间型馈线自动化功能时：合闸之后在设定时限（Y 时限，可整定）之内失压，则自动分闸或由上级开关跳闸后失电分闸，并闭锁合闸。

测试方法：

步骤一：用继电保护测试仪模拟开关在合位、双侧电压正常持续 30s 以上，双侧失压，经过失电延时时间，终端应正确输出跳闸；

步骤二：用继电保护测试仪模拟开关在分位、一侧得压、一侧无压，终端应闭锁合闸。

（2）电压电流型馈线自动化功能时：合闸之后在设定时限（可整定，默认 3s）之内失压，并检测到故障电流，则自动分闸并闭锁合闸。如果没有检测到故障电流，则不闭锁合闸。

测试方法：

步骤一：用继电保护测试仪模拟开关在合位、双侧电压正常持续 30s 以上，双侧失压、无流，经过失电延时时间，终端应正确输出跳闸。

步骤二：用继电保护测试仪模拟开关在分位、一侧得压、一侧无压，经过得电延时时间，终端应正确输出合闸。

步骤三：用继电保护测试仪模拟开关合闸之后在设定时限（可整定，默认 3s）之内失

压，并检测到故障电流，终端应正确输出跳闸。

步骤四：用继电保护测试仪模拟开关在分位、一侧得压、一侧无压，终端应闭锁合闸。

13. 闭锁分闸功能试验

对于电压型开关，应具有闭锁分闸功能。若合闸之后在设定时间（Y时限，可整定）之内没有检测到故障，则闭锁分闸功能，延时 5min 后闭锁复归。

测试方法：

步骤一：用继电保护测试仪模拟开关在合位、双侧电压正常持续 30s 以上，双侧失压、无流，经过失电延时时间，终端应正确输出跳闸；

步骤二：用继电保护测试仪模拟开关在分位、一侧得压、一侧无压，经过得电延时时间，终端应正确输出合闸；

步骤三：用继电保护测试仪模拟开关合闸之后在设定时限（可整定，默认 3s）之内没有检测到故障；超过时限后模拟双侧失压、无流，终端应闭锁分闸。

14. 非遮断电流保护功能试验

配电终端应设置开关非遮断电流保护功能，当开关合闸检测到电流，且故障电流超过负荷开关开断容量时，则启动非遮断电流保护，开关禁止分闸。

测试方法：

步骤一：用继电保护测试仪模拟开关在合位、双侧电压正常持续 30s 以上，双侧失压、无流，经过失电延时时间，终端应正确输出跳闸；

步骤二：用继电保护测试仪模拟开关在分位、一侧得压、一侧无压，经过得电延时时间，终端应正确输出合闸；

步骤三：用继电保护测试仪模拟开关合闸之后在设定时限之内检测到零序电压信号，但三相电流均大于非遮断电流，终端应闭锁跳闸。

15. 残压闭锁功能试验

具备残压闭锁功能，开关在单侧失电后，在一定时间内检测到故障残压时，闭锁合闸，检测故障残压定值固化设定为 $25\%U_n$，残压闭锁时间固化取与 Y 时限一致，上述定值不开放整定。

测试方法：

步骤一：用继电保护测试仪模拟开关在合位、双侧电压正常持续 30s 以上，双侧失压、无流，经过失电延时时间，终端应正确输出跳闸；

步骤二：用继电保护测试仪模拟开关在分位、一侧得压、一侧无压，在设定时限之内检测到故障残压（定值固化设定为 $25\%U_n$），终端应闭锁合闸。

16. 告警及复归功能试验

（1）具有采用电压电流复合判据的相间故障告警及接地故障告警功能。

（2）具有 TV 断线告警功能，并能将告警信号上送到主站。

（3）具有当地相应馈线故障指示和信号复归功能。

测试方法：

步骤一：用继电保护测试仪模拟相间故障，查看终端应有相间故障告警信号发出。

步骤二：用继电保护测试仪模拟接地故障，查看终端应有接地故障告警信号发出。

步骤三：用继电保护测试仪模拟 TV 断线，查看终端应有 TV 断线告警信号发出，并上送到主站。

步骤四：故障处理后（开关被手动/遥控合闸，且双侧电压正常），终端应具备人工或自动清除故障标志。

17. 零序电压保护功能试验

具有零序电压保护功能，可通过控制字选择跳闸、仅发告警信号或退出。当开关合闸并检测到零序电压时，经固定延时分闸或告警。

测试方法：

步骤一：将零序电压保护控制字选为跳闸，用继电保护测试仪模拟开关合闸之后在设定时限之内检测到零序电压信号，且三相电流均小于非遮断电流，终端应正确输出跳闸。

步骤二：用继电保护测试仪模拟开关合闸之后在设定时限之内没有检测到零序电压信号，终端应不动作。

步骤三：将零序电压保护控制字选为仅发告警信号，重复上述步骤一、二，终端应正确反应告警。

步骤四：将零序电压保护控制字选为退出，重复上述步骤一、二，终端不动作不告警。

18. 馈线自动化投退及闭锁功能试验

电压型馈线自动化功能应通过控制字投退。可通过就地和远方投退保护软压板或设置控制字等方式灵活设置为分段负荷开关、联络负荷开关两种工作模式；馈线自动化功能应预留一闭锁开入，在接收到此开入时闭锁馈线自动化动作的功能。

检测方法：

步骤一：对于不依赖通信电压型馈线自动化终端，通过投入或退出控制字，检查该功能是否正确投退。通过软压板或控制字，测试是否可以设置分段负荷开关、联络负荷开关两种工作模式。

步骤二：模拟一闭锁开入，测试配电终端是否闭锁馈线自动化功能。

3.1.2.6 电磁兼容检测

配电网自动化终端的电磁兼容试验主要包括电压暂降及短时中断试验、电快速瞬变脉冲群抗扰度试验、静电放电抗扰度试验、工频磁场抗扰度试验、浪涌抗扰度试验、高频干扰抗扰度试验、脉冲磁场干扰测试等。

1. 电压暂降及短时中断试验

从额定电压暂降 100%，持续时间 0.5s，中断次数 3 次，试验时配电终端应能正常工作，不应发生死机、错误动作或损坏，电源电压恢复后存储数据无变化，工作正常。测试模拟量采集精度、遥信正确性、遥控正确性、SOE 分辨率、故障分析功能等项目应符合配电网自动化终端的技术要求。因电压暂降及短时中断的影响引起的改变量应不大于准确度等级指数的 200%。

2. 电快速瞬变脉冲群抗扰度试验

（1）配电终端在工作状态下，试验电压分别施加于配电终端的状态量输入回路、交流输入模拟量回路、控制输出回路的每一个端口和保护接地之间。

a）严酷等级：4 级。

b）试验电压：±2kV。

c）重复频率：5kHz 或 1005kHz。

d）试验时间：1min/次。

e）试验电压施加次数：正负极性各 3 次。

（2）配电终端在工作状态下，试验电压分别施加于配电终端的供电电源端和保护接地之间。

a）严酷等级：4 级。

b）试验电压：±4kV。

c）重复频率：5kHz 或 1005kHz。

d）试验时间：1min/次。

e）试验电压施加次数：正负极性各 3 次。

（3）配电终端在工作状态下，试验电压分别施加于配电终端的供电电源端和保护接地之间。

a）严酷等级：3 级。

b）试验电压：±1kV。

c）重复频率：5kHz 或 1005kHz。

d）试验时间：1min/次。

e）试验电压施加次数：正负极性各 3 次。

对各回路进行试验时，测试状态量输入量、遥控、直流输入模拟量、交流输入模拟量和 SOE 分辨率应符合配电网自动化终端的技术要求。因电快速瞬变脉冲引起的改变量应不大于准确度等级指数的 200%。

3. 浪涌抗扰度试验

配电终端在正常工作状态下，按下述条件进行试验。

a）严酷等级：4 级。

b）试验电压：共模 2kV，差模 4kV。

c）波形：1.2/50μs。

d）极性：正、负。

e）试验次数：正负极性各 5 次。

f）重复率：1min/次。

对各回路进行试验时，测试模拟量采集精度、遥信正确性、遥控正确性、SOE 分辨率、故障分析功能等项目应符合配电网自动化终端的技术要求。因浪涌引起的改变量不应大于准确度等级指数的 200%。

4. 静电放电抗扰度试验

配电终端在正常工作状态下，按下述条件进行试验。

a）严酷等级：4 级。

b）试验电压：8kV。

c）直接放电：施加在操作人员正常使用时可能触及的外壳和操作部分，包括 RS-485 接口。

d）每个试验点放电次数：正负极性各 10 次，每次放电间隔至少为 1s。

试验时测试模拟量采集精度、遥信正确性、遥控正确性、SOE 分辨率、故障分析功能等项目应符合配电网自动化终端的技术要求。因浪涌引起的改变量不应大于准确度等级指数的 200%。

5. 阻尼振荡波抗扰度试验

在终端信号输入回路、控制回路、交流电源回路，施加共模电压 2.5kV、差模电压 1.25kV 的阻尼振荡波干扰。

试验次数：正负极性各 3 次

测试时间：60s。

终端应能正常工作。在施加高频干扰时，测试模拟量采集精度、遥信正确性、遥控正确性、SOE 分辨率、故障分析功能等项目，各项指标应能满足规范要求，因阻尼振荡波引起的改变量不应大于准确度等级指数的 200%。

6. 工频磁场抗扰度试验

将配电终端置于与系统电源电压相同频率的随时间正弦变化的、强度为 100A/m 的稳定持续磁场的线圈中心，配电终端应能正常工作，工频磁场条件下应能正常工作。测试模拟量采集精度、遥信正确性、遥控正确性、SOE 分辨率、故障分析功能等项目应符合配电网自动化终端的技术要求。因工频磁场引起的改变量不应大于准确度等级指数的 100%。

7. 脉冲磁场抗扰度试验

将配电终端置于 1000A/m 的脉冲磁场的线圈中心，配电终端应能正常工作。测试模拟量采集精度、遥信正确性、遥控正确性、SOE 分辨率、故障分析功能等项目应符合配电网自动化终端的技术要求。因脉冲磁场引起的改变量不应大于准确度等级指数

35

的 100%。

3.1.2.7　环境影响试验

1. 恒温湿热试验

试验室的温度偏差不大于±2℃，相对湿度偏差不大于±2%，设备各表面与相应的室内壁之间最小距离不小于 150mm，凝结水不得滴到试验样品上，试验室以不超过 1℃/min 的变化率升温，待温度达到+40℃并稳定后再加湿到（93±3）%范围内，保持 48h，在试验最后 1～2h，测量设备绝缘电阻，指标应合格。试验结束后检查设备外观。

2. 低温测试

低温室的温度偏差不大于±2℃，设备各表面与相应的室内壁之间最小距离不小于 150mm。低温室以不超过 1℃/min 的变化率降温，待温度达到-40℃（-25℃）并稳定后开始计时，保温 2h，再使设备连续通电 2h，之后进行模拟量采集精度、遥信正确性、遥控正确性、SOE 分辨率、故障分析功能等项目的测试，各项指标应能满足规范要求，因低温引起的模拟量采集精度的改变量不应大于准确等级指数的 100%。

3. 高温测试

高温室的温度偏差不大于±2℃，相对湿度不超过 50%（+35℃），设备在高温室内以不超过 1℃/min 的变化率升温，待温度达到 70℃（55℃）并稳定后开始计时，保温 2h，再使设备连续通电 2h，之后进行模拟量采集精度、遥信正确性、遥控正确性、SOE 分辨率、故障分析功能等项目的测试，各项指标应能满足规范要求，因高温引起的模拟量采集精度的改变量不应大于准确等级指数的 100%。

3.2　故障指示器检测技术

3.2.1　故障指示器的检测范围

线路故障指示器是应用在输配电线路、电力电缆及开关柜进出线上，用于指示故障电流流通的装置。一旦线路发生故障，巡线人员可借助指示器的报警显示，迅速确定故障点，排除故障。

故障指示器的检测范围包含故障指示器和通信终端两部分结构，其中故障指示器是由传感器和指示部分集成于一个单元内，通过机械方式固定于某一相电缆线路上。通常安装在电缆分支箱、环网柜、开关柜等配电设备上的指示器，采用面板的方式用于外部显示。通信终端能够将指示器的遥信量或遥测量以光纤或无线等传输方式发送至配网主站或配网子站的装置。

故障指示器的检测主要是针对故障指示器和通信终端两方面开展检测。

3.2.2　故障指示器检测方法

3.2.2.1　故障指示器检测方法

故障指示器的检测主要是通过资料检查、外观检查、硬件结构检查、低电量报警功能检测、故障远传功能检测、短距离无线通信距离检测、故障报警复位功能检测、重合闸识别时间功能、IP 防护等级试验，故障报警功能等检测项目，每个检查项目按照检测的重要性分为关键检查项目和一般检查项目。

1. 资料检查

检查参检产品的产品质量合格证及在国家级机构进行的型式试验合格证书。

2. 外观检查

检查指示器外观应整洁美观、无损伤或机械形变，封装材料应饱满、牢固、光亮、无流痕、无气泡，检查翻牌指示是否灵活，显示牌应能 360°范围内均可观察，拍照记录故障指示器的外观。

3. 硬件结构检查

（1）结构件经 50 次装卸应到位且不变形。适应导线截面积 35～400mm²。

（2）可带电安装和拆卸，应提供带电安装工具，应采用压力弹簧固定方式。

4. 低电量报警功能检测

检查指示器电量低于设定值是否能报警。

5. 故障远传功能检测

（1）故障指示器与通信终端具备双向通信功能。

（2）指示器发生短路、接地故障后除具备相应的本地报警指示外，应通过无线通信形式输出故障数据信息。

6. 短距离无线通信距离检测

故障指示器与通信终端之间的无线通信距离不小于 30m。

7. 故障报警复位功能检测

复归时间不需修改程序，可通过维护软件直接可设可调，复位时间允许误差不大于±20%。

8. 重合闸识别时间功能检测

故障指示器应能识别重合闸间隔最小时间，识别时间应能按照档距为 0.1s，范围 0.2～1s 进行设置。

9. IP 防护等级试验

故障指示器应满足 GB/T 4028—2017《外壳防护等级（IP 代码）》中规定的 IP67 的要求。

10. 相间短路故障报警功能检测

应自动适应线路负荷电流变化情况，在正常环境温度下对指示器进行短路功能试验，将指示器接入模拟回路（见图 3-1）中，当回路中的电流值超过设定故障电流报警动作值并满足所有其他故障判据条件时，指示器应能发出短路故障报警。

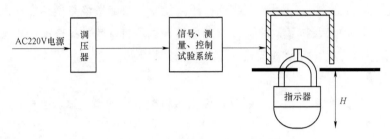

图 3-1　故障指示器测试示意图

（1）模拟电力系统最小运行方式下（10% I_n），线路发生相间短路故障，检测故障指示器能否发出短路故障报警。

（2）模拟电力系统最大运行方式下（90% I_n），线路发生相间短路故障，检测故障指示器能否发出短路故障报警。

（3）模拟电力系统正常运行方式下（60% I_n），线路发生相间短路故障，检测故障指示器能否发出短路故障报警。

11. 单相接地故障报警功能检测

在正常环境温度下对指示器进行接地故障报警功能试验，将指示器接入模拟回路中，当回路中的电流值超过设定故障电流报警动作值并满足故障报警特征值要求时，指示器应能发出接地故障报警。

（1）模拟电力系统最小运行方式下（10% I_n），线路发生单相接地故障，检测故障指示器能否发出接地故障报警。

（2）模拟电力系统最大运行方式下（90% I_n），线路发生单相接地故障，检测故障指示器能否发出接地故障报警。

（3）模拟电力系统正常运行方式下（60% I_n），线路发生单相接地故障，检测故障指示器能否发出接地故障报警。

12. 正常负荷波动防误报警检测

（1）将指示器接入模拟回路中并施加正常负荷电流，回路电流模拟正常负荷波动，指示器不应误动。

（2）将指示器接入模拟回路中并施加正常负荷电流，模拟线路人为停电，回路电流降为零，指示器不应误动。

13. 大功率负荷投切防误报警检测

模拟电力线路上所带的大功率负荷投切过程，线路仍在带电运行，所产生的电流突变不得引起故障指示器误动。

14. 过负荷跳闸防误报警检测

模拟电力线路因所带负荷过大，导致线路过负荷跳闸时，故障指示器不得误动。

15. 涌流防误报警检测

模拟线路送电，初上电时的充电电流和负荷励磁涌流所产生的电流突变不得引起故障指示器误动作。

16. 低温性能试验

试验箱的温度偏差不超过±2℃。试品各表面与试验箱内壁之间的最小距离不小于150mm，试验箱以不超过1℃/min的速度降温，待温度达到−35℃并稳定后开始计时，保温2h。然后进行性能指标测试，各指标应正常。

17. 高温性能试验

试验箱的温度偏差不超过±2℃。试品各表面与试验箱内壁之间的最小距离不小于150mm，试验箱以不超过1℃/min的速度升温，待温度达到+70℃并稳定后开始计时，保温2h。然后进行性能指标测试，各指标应正常。

18. 交变湿热试验

指示器应满足GB/T 2423.4—2001规定的严酷等级为温度55℃、湿度93%，24h的试验。试验后，指示器接点对外壳的绝缘电阻不小于5MΩ，功能正常。

3.2.2.2 故障指示器通信终端检测

通信终端的检测主要是通过资料检查、外观检查、硬件结构检查、电源检测、功耗检测、状态汇报功能、自诊断自恢复功能检测，故障报警功能等检测等项目，每个检查项目按照检测的重要性分为关键检查项目和一般检查项目。

1. 外观检查

检查外观应整洁美观、无磕碰或机械形变；终端设备的铭牌及标示应齐全、清晰、正确。铭牌内容至少包括：产品型号、产品名称、制造厂全称及商标、主要参数、出厂日期及编号，控制单元在相应位置设置相应的参数设置表、操作指南等文字符号标识。检查是否有明显的装置运行、通信等运行状态指示。

2. 硬件结构检查

终端装置应有独立的保护接地端子，并与外壳和大地牢固连接。应支持机柜前单开门方式，便于狭小空间的安装调试。通信终端采用壁挂式安装。检查是否具有RS-232/RS-422/RS-485接口和以太网口。

3. 电源检查

（1）主电源：采用TA取或太阳能电作为装置（含无线通信模块）主电源，并具备电源监控功能。

（2）备用电源：配置 12V/5AH 铅酸蓄电池，失去主电源的情况下，要求备用电源能够满足维持通信终端连续 15 天工作，不需补充能量。

（3）应配置大容量超级储能电容，在蓄电池不能正常工作时保障故障信息的传输。

4. 功耗检测

将指示器通信终端按正常工作要求连接，测试其的工作电流和电压，计算功耗。静态功耗不大于 1W，平均功率：不大于 2.4W。

5. 状态汇报功能检测

检测故障指示器及通信终端是否具备定期（可设定）向主站发送状态汇报报文，汇报设备运行状态和电池电压等设备信息。

6. 通信功能检测

检查终端与主站、故障指示器状态信息是否全部正确响应。

7. 与故障指示器通信

故障指示器与终端之间无线通信要求具备通信传输双向确认功能，传输未成功时应具备异常告警指示功能。

8. 自诊断自恢复功能检测

检查终端是否能够进行通信通道监视和通道故障报警；检查终端是否具备自诊断、自恢复功能，自身运行状态及诊断信息上传；检查终端是否具有失电保护和检测功能，在电源恢复后应在 30s 内能自动启动并恢复运行。

9. 参数设置功能检测

检查通信终端是否具备便捷的维护功能，能否对故障指示器和通信终端相关参数进行设置，包括：故障指示器状态汇报，故障指示器报警参数、故障指示器及通信终端低电量告警、数据分级传送等。

10. 事件记录功能检测

GPS 时间校验仪的空节点输出接入到通信终端开入回路，校验仪发出相隔 20ms 的空接点脉冲信号，记录校验仪的时钟输出和测控装置的 SOE 记录时间，是否满足 SOE 分辨率不大于 10ms；检查是否具备历史数据存储功能。

11. 装置故障报警功能检测

通信终端故障需有报警信号上传：模拟通信终端电源故障，查看是否有报警信号上传。

12. 失电数据保护功能检测

检测终端断电时，通信终端能否保留事件记录，确保数据不丢失。

13. 远程升级及维护功能检测

终端厂家提供用于本厂通信终端远程维护与升级的系统软件，用以对本厂通信终端进行远程参数维护和程序升级。系统软件能实现对通信终端实行程序更新升级，可以进行维护通道与通信通道的切换。系统软件能实现对通信终端通信规约下载修改。通信终端不仅能与配网主站系统、远程维护与升级系统进行通信，还应能满足与未来备用配网主站系统的通信。在远程维护与升级的过程中，有能核对本厂设备与版本的特征码，保证维护与升级数据的正确性。不允许与另一厂家或本厂另一版本设备发生误操作。在远程维护与升级的过程中，当出现异常时，能保证终端可以自动自主的恢复到正常运行，并可预备接受再次的远程维护与升级。能通过远程维护与升级系统查看配电终端的当前运行软件的版本信息。远程维护和升级系统软件应能够实现对多个终端批量、逐个的可定制的自动维护或升级。

14. IP 防护等级试验

故障指示器应满足 GB/T 4028—2008 中规定的 IP65 的要求。完全防止外物及灰尘入侵，且防止各个方向飞由喷嘴射出的水侵入电器而造成损坏。

15. 低温性能试验

参照 GB/T 13729—2002《远动终端设备》中 4.3 规定的试验方法进行测试，低温室的温度偏差不大于±2℃，设备各表面与相应的室内壁之间最小距离不小于 150mm。低温室以不超过 1℃/min 的变化率降温，待温度达到 −35℃ 并稳定后开始计时，保温 2h，再使设备连续通电 2h，终端应能正常工作，而且各项性能指标应正常。

16. 高温性能试验

参照 GB/T 13729—2002 中 4.4 规定的试验方法进行测试，高温室的温度偏差不大于±2℃，相对湿度不超过 50%，设备在高温室内以不超过 1℃/min 的变化率升温，待温度达到 70℃ 并稳定后开始计时，保温 2h，再使设备连续通电 2h，终端应能正常工作，而且各项性能指标应正常。

17. 恒温湿热试验

参照 GB/T 13729—2002 中 4.5 规定的试验方法进行测试，试验室的温度偏差不大于±2℃，相对湿度偏差不大于±2%，设备各表面与相应的室内壁之间最小距离不小于 150mm，凝结水不得滴到试验样品上，试验室以不超过 1℃/min 的变化率升温，待温度达到 +40℃ 并稳定后再加湿到（93±3）%范围内，保持 48h，在试验最后 1～2h，测量设备绝缘电阻，指标应合格。试验结束后检查设备外观。

18. 电压跌落及短时中断试验

装置在电压突降 ΔU 为 100%，满足 GB/T 15153.1—1998 中 2 级的要求。在电源电压 ΔU 为 100%，电压中断为 0.5s 的条件下，终端应正常工作，不发生死机、误动作或损坏，电源电压恢复后存储数据无变化，工作正常。

19. 电快速瞬变脉冲群试验

满足 GB/T 15153.1—1998 中 4 级的要求。终端应能承受电源回路 4kV，工频量及信号回路 2kV 传导性电快速瞬变脉冲群的骚扰而不发生错误动作和损坏，并能正常工作。

20．浪涌试验

满足 GB/T 15153.1—1998 中 4 级的要求。终端电源回路施加共摸对地 4kV、差模 2kV 浪涌干扰电压和 1.2/50μs 波形情况下，终端应能正常工作。

3.3　线路智能录波监测装置检测技术

3.3.1　线路智能录波监测装置检测范围

与传统的线路故障指示器相比，线路智能录波监测装置数据采集频率更高（远高于我国交流电标准频率 50Hz），因此能够完整了记录配网线路中电流波形的变化，能够准确监测线路的运行情况与故障情况。

线路智能录波监测装置由采集单元和汇集单元组成，安装在配电线路上，检测线路运行参数，检测和指示各类短路、接地故障，向配电主站上送检测信息和故障检测数据。

采集单元安装在配电线路上，能判断并指示各类短路故障，采集、捕获单相接地故障特征数据，采集负荷电流等信息，并将故障信息，负荷电流等信息上传至汇集单元。

汇集单元负责接收、处理采集单元上传的配电线路故障、电流等信息，同时是与配电主站进行通信的单元，一般采用架空导线悬挂安装或电杆固定安装方式。

线路智能录波监测的检测主要是针对采集单元和汇集单元两方面开展检测。

3.3.2　线路智能录波监测装置检测方法

1．外观与结构检测

（1）应具备唯一硬件标志号、软件版本号、类型标识代码并具备相应的统一性。

（2）采集单元、汇集单元重量不应过重，便于安装。

（3）采集单元应具备报警指示灯，布置在正常安装位置的下方，地面 360°可见。

（4）采集单元应采用双 TA 回路设计，取电回路应采用高磁导率的磁芯。

（5）应包含备用电源自供电设计，并具备采集单元与汇集单元、汇集单元与主站之间的通信机制。

（6）采集单元和架空导线悬挂安装的汇集单元应采用非金属阻燃材料，能够承受 GB/T 5169.11 中 5 级着火危险。指示器外壳应采用抗紫外线、抗老化、抗冲击和耐腐蚀材料，应有足够的机械强度，能承受使用或搬运中可能遇到的机械力，适应户外运行环境，满足户外长期面维护要求。

2．指标参数检测

（1）短路和经小电阻接地启动值误差应不大于±10%。

（2）短路故障电流最小识别时间范围 20～40ms。

（3）就地故障闪光报警信号每次亮 50ms 以上，闪烁周期为 5s。

（4）负荷电流为 0～300A 时，测量误差为±3A。

（5）负荷电流为 300～600A 时，测量误差为±1%。

（6）上电自动复位时间小于 5min。定时复位时间可设定，设定范围小于 48h，最小分辨率为 1min，定时复位时间允许误差不大于±1%。

3. 数据存储检测

（1）汇集单元可循环存储每组采集单元至少 31 天的电流、相电场强度定点数据、64 条故障事件记录和 64 次故障录波数据，且断电可保存，定点数据固定为 1 天 96 个点。

（2）支持采集单元和汇集单元参数的存储及修改，断电可保存。

（3）具备日志记录及远程查询召录功能。

4. 维护要求检测

指示器应支持远程配置和就地维护功能。

（1）短路、接地故障的判断启动条件。

（2）故障就地指示信号的复位时间、复位方式。

（3）故障录波数据存储数量和汇集单元的通信参数。

（4）采集单元上送数据至汇集单元的通信参数。

（5）采集单元上送数据至汇集单元时间间隔和汇集单元上送数据至主站时间间隔。

（6）采集单元故障录波时间、周期和汇集单元历史数据存储时间。

（7）汇集单元、采集单元备用电源投入与告警记录。具备自诊断功能，应能检测自身的电池电压，当电池电压低于一定限值时，上送低电压告警信息。

（8）汇集单元支持通过无线公网远程升级，采集单元支持接收汇集单元远程程序升级，升级前后应功能兼容。

5. 卡线结构握力检测

采集单元、悬挂安装的汇集单元在下列情况下不应产生位移。

（1）在垂直于压线弹簧所构成平面方向的向下拉力不小于 8 倍采集单元整体自重。

（2）安装在截面积为 35～240mm^2 裸导线或绝缘导线后，沿导线方向横向水平拉力不小于 50N。

6. 耐受短路冲击电流能力检测

采集单元应能承受表中规定的耐受短路冲击电流能力要求如表 3-1 所示。

表 3-1　　　　　　　采集单元承受的耐受短路冲击电流能力要求

线路电压（kV）	短路故障电流（有效值）（kA）	短路故障电流持续时间（s）
10	20	2
35	31.5	4

7. 邻近干扰检测

应满足以下邻近干扰防误报警要求。

（1）当相邻 300mm 的线路出现故障时，不应发出本线路误报警。

（2）当本线路发生故障时，相邻 300mm 的导线不应影响发出本线路正常报警。

8. 防护等级检测

（1）采集单元、悬挂安装的汇集单元防护等级不低于 IP67。

（2）电杆固定安装汇集单元防护等级不低于 IP55。

9. 电源检测

采集单元电源检测：

（1）应采用 TA 取电并辅以超级电容作为主供电源，能量密度不低于锂电池的非充电电池作为后备电源。主供电源和后备电源相互独立，当主供电源不能维持全功能工作时，后备电源自动投入。当主供电源恢复时，自动切回主供电源供电。超级电容在充电时应可独立维持全功能不小于 12h。

（2）线路负荷电流不小于 5A 时，TA 取电 5s 内应能满足全功能工作要求。线路负荷电流低于 5A 且超级电容失去供电能力时，应至少能判断短路故障，定期采集负荷电流，并上传至汇集单元。

（3）非充电电池额定电压不应小于 DC3.6V 容量不低于 8.5Ah。在电池单独供电时，最小工作电流不应大于 80μA。在不更换电池的情况下，持续工作时间应不低于 6～8 年，且满足闪光报警大于 2000h。

（4）可采用太阳能板或 TA 取电方式供电，并辅以可充电电池作为后备电源。

（5）采用太阳能板供电的汇集单元太阳能板额定输出电压不低于 DC15V，容量不低于 15VA；电池额定电压为 DC12V，容量不低于 7Ah。采用 TA 取电的汇集单元电池额定电压不应小于 DC3.6V，容量不低于 8.5Ah。

（6）汇集单元征集功耗（在线，不通信）不大于 0.5VA。电池独立供电的情况下，应能全功能工作不少于 7 天。

10. 绝缘性能检测

（1）绝缘电阻检测：电杆固定安装汇集单元电源回路与外壳之间绝缘电阻 ≥5MΩ（使用 250V 绝缘电阻表，额定绝缘电压 U_i≤60V）。

（2）绝缘强度检测：电杆固定安装汇集单元电源回路与外壳之间额定绝缘电压 U_i≤60V 时，施加 500V 工频电压应无击穿、无闪络。

11. 通信检测

（1）采集单元与汇集单元之间通信机制：① 采集单元应能主动实时上送故障信息，并每 5min 记录一次负荷数据就；② 应支持实时故障、负荷等信息召测，同时并能根据工作电源情况定期或者定时上送至汇集单元；③ 采集单元定时发送信息给汇集单元，汇集单元在 10min 内没有收到采集单元信息，即视为通信异常。采集单元与汇集单元通信故障时应能将报警信息上送至配电主站。

（2）汇集单元与主站之间通信机制：可通过配电主站对汇集单元和采集单元进行参数设置。汇集单元应支持数据定时上送、负荷越限上送、重载上送和主动召测，最小上送时间间隔为 15min。

（3）通信距离检测：① 采集单元与汇集单元通过无线双向通信，可视无遮挡通信距离应不低于 50m；② 采集单元与汇集单元之间如通过无线中继或者路由方式通信，采集单元之间应不低于 500m。

（4）对时与守时：① 每组采集单元三相时间同步误差不大于 100μs；② 汇集单元应支持主站及卫星同步时钟设置对时，守时精度不大于 2s/24h。

12. 功能检测

短路和接地故障识别功能检测：① 指示器短路故障判别应自适应负荷电流大小，当检测到电流突变且突变启动至宜不低于 150A，突变电流持续一段时间后，各相电场强度大幅下降，且残余电流不超过 5A 零漂值，应能就采集故障信息，以闪光形式就地指示故障，且能将故障信息上传至主站。② 发生接地故障，当指示器不能判断出接地故障处于上游和下游时，指示器应能就地采集故障信息和波形，且能将故障信息和波形传至主站进行判断，同时汇集单元能接收主站下发的故障数据信息，采集单元以闪光形式指示故障。③ 指示器应能检测线路三相负荷电流、故障电流、相电场强度等运行信息和主供电源、后备电源等状态信息，并将以上信息上送至主站，同时采集单元具备故障录波功能。接地故障判别适应中性点不接地、经销弧线圈接地、经小电阻接地等配电网中性点接地方式。以及不同配电网网架结构；满足金属性接地、弧光接地、电阻接地等不同接地故障检测要求。④ 当线路发生故障后，采集单元应能正确识别故障类型，并能根据故障类型选择复位形式：能识别重合闸间隔为不小于 0.2s 的瞬时性和永久性短路故障，并正确动作；线路永久性故障恢复后上电自动延时复位，瞬时性故障后按设定时间复位或执行主站远程复位。

13. 故障录波功能检测

（1）故障发生时，采集单元应能实现三相同步录波，并上送至汇集单元合成零序电流波形，用于故障的判断。

（2）录波范围包括不少于启动前 4 个周波、启动后 8 个周波，每周波不少于 80 个采样点，录波数据循环缓存。

（3）汇集单元应能将 3 只采集单元上送的故障信息、波形，合成为一个波形文件并标注时间参数上送给主站，时标误差小于 100μs。

（4）录波启动条件可包括电流突变、相电场强度突变等，应实现同组触发、阈值可设。

（5）故障发生时间和录波启动时间的时间偏差不大于 20ms。

（6）录波稳态误差应符合表 3-2 要求。

表 3-2 录 波 稳 态 误 差 要 求

输入电流（A）	0≤I＜300	300≤I＜600
幅值相对误差（相）	±3A	±1%

14. 防误报警功能检测

（1）负荷波动不应误报警。

（2）大负荷投切不应误报警。

（3）合闸（含重合闸）涌流不应误报警。

（4）采集单元、悬挂安装的汇集单元带电安装拆卸不应误报警。

15. 机械性能检测

（1）振动耐久：应能承受频率为 2～9Hz，振幅为 0.3mm 及频率为 9～500Hz，加速度为 1m/s 的振动。振动之后，不应发生损坏和零部件受振动脱落现象，且功能正常。

（2）自由跌落：采集单元和悬挂安装的汇集单元应能承受跌落高度为 1000mm，跌落次数为一次，角度为 0°的自由跌落，自由跌落之后，不应发生损坏和零部件受振动脱落现象，且功能正常。

16. 电磁兼容检测

（1）静电放电抗扰度：应能承受 GB/T 17626.2—2018 中规定的 4 级静电放电抗扰度能力，试验条件见表 3-3。

表 3-3 4 级静电放电抗扰度能力试验条件

试验项目	等级	接触放电（kV）	空气放电（kV）
静电放电抗扰度	4	8	15
	×	—	—

（2）射频电磁场辐射抗扰度：应能承受 GB/T 17626.3—2016 中规定的射频电磁场辐射抗扰度能力，试验条件见表 3-4。

表 3-4 射频电磁场辐射抗扰度能力试验条件

试验项目	等级	试验场强（V/m）
	频率范围在 80～1000MHz 参数	
射频电磁场辐射抗扰度	4	30
	×	特定

续表

试验项目	等级	试验场强（V/m）
频率范围在 800～960MHz 以及 1.4～2.0GHz 参数		
射频电磁场辐射抗扰度	4	30
	×	特定

（3）浪涌（冲击）抗扰度检测：应能承受 GB/T 17626.5—2019 中规定的 4 级浪涌（冲击）抗扰度能力，试验条件见表 3－5。

表 3－5　　　　　　　　　4 级浪涌（冲击）抗扰度能力试验条件

等级	共模	差模
试验电压（kV/±10%峰值）		
4	4	2
×	待定	待定

（4）快速瞬变脉冲群抗扰度检测：应能承受 GB/T 17626.4—2018 中规定的 4 级快速瞬变脉冲群抗扰度能力，试验条件见表 3－6。

表 3－6　　　　　　　　4 级快速瞬变脉冲群抗扰度能力试验条件

等级	差模	
	电压峰值（kV）	重复频率（kHz）
试验电压和脉冲的重复频率		
4	2	5 或者 100
×	待定	待定

（5）工频磁场抗扰度检测：应能承受 GB/T 17626.8—2006 中规定的 5 级工频磁场抗扰度能力，试验条件见表 3－7。

表 3－7　　　　　　　　　5 级工频磁场抗扰度能力试验条件

等级	磁场强度（A/m）
5	100
×	特定

（6）阻尼振荡磁场抗扰度检测：应能承受 GB/T 17626.10—2017 中规定的 5 级阻尼振荡磁场抗扰度能力，试验条件见表 3－8。

表 3-8   5 级阻尼振荡磁场抗扰度能力试验条件

等级	阻尼振荡磁场强度峰值（A/m）
5	100
×	特定

3.4 智能成套设备检测技术

配网智能成套设备涉及多个电压等级，其检测原理和方法基本相同，本章节主要以 10kV 断路器成套设备和 10kV 负荷开关成套设备为例，展开描述。

3.4.1 智能成套设备检测范围

智能成套设备是从使用场所的实际出发，考虑了性能参数及电器元件的合理配合与布置，因而具有占地面积少、空间体积小、安装使用与维护方便、运行安全可靠等优点。成套设备是在制造厂装配完成的，到现场后只需简单的安装和固定，与进出线相连后即能投入使用，因而可以大大缩短建设工期。

成套开关设备是以开关设备为主体的成套配电装置，即制造厂根据用户对一次接线的要求，将各种一次器件以及控制、测量、保护等装置组装在一起而构成的配电设备。配电网中对电力系统的控制和保护是智能成套设备的主要应用方向，其中的代表产品主要包括柱上成套设备和开关柜成套设备。

智能成套设备的检测主要是针对成套设备和开关柜成套设备两方面开展检测。

3.4.2 智能成套设备检测方法

3.4.2.1 柱上成套设备检测方法

断路器成套设备根据检测对象可以分为：开关检测、控制器检测、成套设备联动检测。其中，开关检测包括：绝缘电阻测量、回路电阻测量、机械特性试验、主回路和辅助回路工频耐压试验等多个检测项目；控制器检测包括：设备结构检查、功能与性能检测、保护功能检测、影响量检测 5 个大项，并为每个大项单独设立若干小项；成套设备联动检测包括：遥测正确性检测、遥信正确性检测、遥控正确性检测、保护功能检测 4 个细项。以上每个细项都根据检测的重要性分为：关键检测项目和一般检测项目。

1. 资料检查

检查参检产品的产品质量合格证及在国家级机构进行的形式试验合格证书，形式试验证书需包括老化、高温、低温、湿热、高频干扰、静电放电、磁场影响、耐压等试验。同时提供参检产品软硬件版本。

2. 开关本体检测

（1）外观检查。

1）铭牌检查：柱上负荷开关的铭牌应符合 GB/T 3804—2017《3.6kV～40.5kV 高压交流负荷开关》中 5.10 及招投标技术文件的规定，铭牌上的参数应包括 GB/T 3804—2017 中表 2 规定的内容。

2）外观整洁美观且无明显的机械损伤；各部件应安装正确；金属构件无锈蚀、卡涩；套管完好，无损伤或残缺等。

3）标识完整正确：应具备起吊、严禁搬抬套管、接地、进出线端等标识，相别、开关分合、储能等标识正确无误。

（2）主回路电阻测量。应采用电流不小于 100A 的直流压降法，测量主回路两端之间的电阻值。试验结果应满足厂家技术条件要求。

如果进行温升试验，则还要求温升试验前后的偏差不应大于 20%。

（3）机械操作试验。

1）开关应能在额定操作电压的 85%～120%内可靠合闸，交流时在合闸装置的额定电源频率下应该正确的动作。当电源电压小于或等于额定值的 30%时，不应动作。

2）开关应能在额定操作电压的 65%（直流）或 85%（交流）到 120%内可靠分闸、交流时在分闸装置的额定电源频率下应正确地动作。当电源电压小于或等于额定值的 30%时，不应动作。

3）手动分、合负荷开关 5 次，应可靠动作。

（4）机械特性试验。机械特性参数应符合招投标技术文件及厂家技术条件的要求。

（5）主回路工频耐压试验。相间及相对地耐受电压 42kV，负荷开关的开关断口耐受电压 48kV，试验时间 1min，无闪络、击穿。

（6）辅助和控制回路的绝缘试验。试验电压应为 2000V，电压持续 1min。试验应未发生破坏性放电。

（7）电压互感器（TV）外观检验。

1）表面应光洁平整、色泽均匀，不应有损伤痕迹。

2）铭牌及必要的标志完整（包括产品编号，出厂日期，接线图或接线方式说明（三相 TV 时），额定电压比，准确度等级等）、字迹清晰、工整。一、二次接线端子的标志应清晰，接地端子上应有接地标志。

3）铭牌所标示的一次、二次侧电压、额定容量、精度等级等参数满足招投标技术文件的要求。

（8）电压互感器（TV）工频耐压试验。

1）一次绕组接地端、绕组段间及接地端子之间的工频耐压试验，依据 GB/T 20840.3—2013 进行，试验电压：3kV；试验时间：60s。

2）一次绕组工频耐压试验，依据 GB/T 20840.3—2013 进行，试验电压：42kV，试验时间：60s。

（9）电压互感器（TV）感应耐压试验。依据 GB/T 20840.3—2013 进行，对二次绕组施加一足够的励磁电压时一次绕组感应出规定的试验电压值，试验电压：30kV；试验频率：150Hz；试验时间：40s。

3．控制器检测

（1）外观检查。

1）挂箱外配蚀刻不锈钢铭牌，铭牌内容至少包括：产品型号、产品名称、制造厂全称、主要参数（装置电源、操作电源、额定电压、额定电流）、出厂日期及编号。

2）除电池外，整体应置于独立的终端控制箱内，终端控制箱通过螺栓固定在挂式箱体内。

3）设备结构与设计符合技术条件书要求，外观无明显的机械损伤，各部件应安装合理，便于运行维护。

4）航空插头规格及端子定义符合技术条件书要求。

（2）操作面板及运行状态指示检查。

1）按订货技术条件书要求，装置箱体内正面具有操作面板，面板上安装远方/就地选择开关、继电保护/馈线自动化功能选择开关及其对应指示灯，选择开关拨至相应功能时，面板上相应指示灯亮。

2）箱体操作面板应分别设置独立的装置工作电源和开关控制电源空气开关。

3）按订货技术条件书要求，箱体操作面板应设置"保护跳闸、保护合闸、遥控/电动分闸、遥控/电动合闸、安全自动控制功能投入、停用重合闸、检修状态投入"7 个硬压板，压板采用普通分立式，开口端应装在上方，不得采用拔插式压板。

4）指示灯应齐全且有相对应的名称标识，至少包括：工作电源指示灯、保护测控单元运行指示灯、装置自检（异常告警）指示灯、保护动作指示灯、重合闸动作指示灯、通信状态指示灯、操动机构储能指示灯、开关分位指示灯，开关合位指示灯。

5）配电网自动化终端应配备信号复归按钮。

（3）电源模块功能试验。

1）装置应支持双交流供电方式。正常情况下，由交流电源供电，支持 TV 取电。当交流电源中断，装置应在无扰动情况下切换到另一路交流电源或后备电源供电；当交流电源恢复供电时，装置应自动切回交流供电。

2）电源模块应能为装置及遥控、遥信、遥测单元提供电源，并为通信模块提供 DC 24V 电源，装置正常工作时整机功耗不大于 20VA（不含外部通信设备和后备电源充电）。

3）装置应能实现对供电电源的状态进行监视和管理，具备后备电源低压告警、欠压切除等保护功能，并能将电源供电状况以遥信方式上传到主站系统。

4）具有智能电源管理功能，应具备电池活化管理功能，能够自动、就地手动、远方遥控实现对蓄电池的充放电，且充放电间隔时间可进行设置。

5）应保证在交流失电后，装置可正常工作 8h 以上，在确保故障信息传输的同时，可驱动开关分合闸操作 3 次。

（4）交直流工频输入量基本误差试验。

1）交流采样线路电压、线路电流、零序电流（零序电压），采样精度：0.5 级；

2）有功、无功精度：1 级。

3）直流采样支持 0～24V，误差不大于 0.5%。

（5）故障电流试验。

1）输入范围不小于 20 倍额定电流；

2）10 倍额定电流总误差不大于 3%。

（6）状态量（遥信）输入试验。

1）遥信量采集包括：开关位置、远方与就地切换把手位置、保护（包括过流、接地）动作、故障信息、FTU 异常或故障、开关操动机构异常、工作电源异常、电池低压告警、电池欠压切除、遥测越限告警信号等信息，并向配电网自动化主站发送，状态变位优先传送。

2）遥信输入回路采用光电隔离，并具有软硬件滤波措施，防止输入接点抖动或强电磁场干扰误动，遥信抖动脉冲宽度可设。

3）具备事件顺序记录功能，记录装置变位遥信、事故遥信、开关事故分合闸次数统计、事件 SOE 等，并可根据遥信点表要求上送配电网自动化主站，供事故追忆。通信中断时未发送的事件顺序记录 SOE 应在通信恢复时补发，且不重发多发。且支持单点、双点遥信上送主站。

（7）SOE 分辨率试验。SOE 分辨率不大于 2ms。

（8）开关量防抖动功能试验。具备开入量防抖动功能，当开入量持续时间小于消抖时间定值时，终端不应产生该开入的变位和 SOE 信号。软件防抖动时间 6～60 000ms 可设。

（9）遥控试验。

1）接收并执行配电网自动化主站遥控命令，规约应能支持单点遥控、双点遥控可配置。

2）遥控保持时间可设置。

3）遥控应严格按照预置、返校、执行的顺序进行，具备遥控异常自诊断功能，在预置返校后，在设定时间内，由于通信中断或执行命令未下达，应自动取消本次遥控命令。

4）具备遥控防误动措施，保证控制操作的可靠性。

5）具备遥控异常自诊断功能，遥控过程中通信中断遥控自动取消。

6）同一遥控点不能同时接收两个不同主站的遥控命令。

7）遥控指令应可记录保存，区分主站和当地遥控记录并保存，保存最近至少 50 次动作指令。

（10）对时功能检测。

1）支持主站和北斗卫星/GPS 时钟校时功能。

2）控制器 24h 自走时钟误差不大于 1s，主站对时误差不大于 10ms。

（11）无线通信模块检测。

1）接收信号灵敏度：≤−102dBm（GSM900 MHz 频段、DCS 1800MHz 频段）。

2）最大输出功率：GSM900MHz 频段 33dBm±2dB，DCS1800MHz 频段 30dBm±2dB。

3）频率稳定度：GSM900MHz±90Hz，DCS 1800MHz±180Hz。

（12）通信功能试验。

1）支持 RS−485/RS−232 通信，并配置 2 个及以上标准 9 针接口；

2）具备 10/100 BASE−T 自适应以太网络通信，基本配置 2 个以太网接口；

3）支持广东电网配电网自动化 DL/T 634.5104—2009 规约实施细则（广电系部〔2016〕61 号）、广东电网配电网自动化 DL/T 634.5101—2002 规约实施细则（广电系部〔2016〕61 号）规定的通信协议。

（13）数据处理与传送功能检测。

1）模拟量输入信号处理应包括数据有效性判断、越限判断及越限报警、死区设置、工程转换量参数设置、数字滤波、误差补偿（含精度、线性度、零漂校正等）信号抗干扰等功能；

2）历史数据应至少保存：最新的 256 条事件顺序记录和 256 条遥信变位，最新 10 条故障电流信息，最新 50 次遥控操作指令。历史数据可随时由主站召测，失电或通信中断后数据可保存 6 个月以上。

（14）维护和调试功能检测。

1）具备查询和导出历史数据、定值、转发表、通信参数等，支持通过广东电网配电网自动化 101/104 规约实施细则进行在线修改、下装和上载定值、转发表（包括模拟量采集方式、工程转换量参数、状态量的开/闭接点状态、数字量保持时间及各类信息序位）、通信参数等，下装和上载程序等维护功能。

2）具备监视各通道接收、发送数据及误码检测功能，可方便进行数据分析及通道故障排除。

3）通过维护口及装置操作界面可实现就地维护功能，通过远动通信通道实现远程维护功能，就地与远程维护功能应保持一致。

4）系统维护应有自保护恢复功能，维护过程中如出现异常应自动能恢复到维护前的正常状态。

5）应至少可设置两级维护密码，可按权限分级开放维护功能。

6）具有液晶显示，提供全汉化中文菜单，操作简洁，便于现场维护。

（15）自诊断及自恢复功能检测。

1）应具备自诊断及自恢复功能。终端在正常运行时定时自检，自检的对象包括定值区、开出回路、采样通道、E^2PROM、储能电容或蓄电池等各部分。自检异常时，发出告警报告，通信中断或掉电重启应能自动恢复正常运行。

2）终端电源失电或通信中断后数据应自动保存，断电瞬间不应出现测量错误，FTU初始化过程不能误发信息。电源恢复时，FTU应自动恢复断电前的工作状态。

（16）遥测越限告警功能检测。支持遥测越限判断及报警功能，判据应由越限阈值和越限阈值延时两个条件组成，且越阈值比例可配置。

（17）遥测死区功能检测。采集死区与上送死区应独立，每个遥测上送死区可独立设置。

（18）远方和本地切换功能检测。终端应具备远方和本地控制切换功能，控制方式置于远方时，应闭锁终端操作开关，置于本地时应闭锁远方操作开关。

（19）常规保护功能检测。继电保护功能通过转换开关控制投入或退出，只在继电保护功能通过转换开关投入时才开放相应定值项的整定。

1）具有过电流保护功能，可对电流保护动作时限、电流定值进行设定。分两段进行故障判断，每一段的动作电流（$0 \sim 20I_n$，步长0.01A，误差1%以内）和跳闸延时（$0 \sim 99s$，步长0.01s，误差1%以内）均可以由用户自由平滑设定，保护跳闸出口固有时间应不大于40ms。

2）具有零序电流保护功能，可对保护动作时限、电流定值进行设定；分两段进行故障判断，每一段的动作电流均可以由用户自由平滑设定。各段均可选择跳闸或告警。动作电流（$0 \sim 20I_n$，步长0.01A，误差1%以内）和跳闸延时（$0 \sim 99s$，步长0.01s，误差1%以内）均可以由用户自由平滑设定，保护跳闸出口固有时间不应大于40ms。

3）保护功能及重合闸功能应分别设置软压板实现远方投退。

4）具有涌流识别功能，定值范围为0%～100%，步长1%。

（20）重合闸功能检测。

1）自动重合闸功能：

a）应具备一次重合闸和二次重合闸功能，并可通过控制字选择投入一次或二次重合闸，应具备检无压重合闸、检同期重合闸、不检无压及不检同期重合闸功能，并能通过控制字选择，检无压方式在有压后自动转为检同期方式。

b）检无压重合闸定值固定取40%额定电压，检同期重合闸的电压差定值固定取20%

额定电压、角度差定值固定取 30°，上述定值不开放整定。

c）重合闸应具备后加速功能，固定加速过流Ⅰ段和零序过流Ⅰ段，加速过流Ⅰ段瞬时动作，加速零序过流Ⅰ段固定延时 100ms 动作，后加速不带方向。

d）重合闸功能应设置软压板实现远方投退。

e）重合闸功能有关时间段的设置应满足时序要求。且当投入一次重合闸时，重合闸充电时间固定取 15s，当投入二次重合闸时，重合闸充电时间固定取 180s，重合闸充电时间不开放整定。重合闸开放时间（开放重合闸功能的时间）不小于 5min。一次重合闸延时 0～60s，步长 01s，误差 1%以内，可以由用户自由平滑设定。二次重合闸 0～180s，步长 01s，误差 1%以内，可以由用户自由平滑设定（准确度，0s：≤40ms）。

2）闭锁重合闸功能：

a）重合闸启动前，收到弹簧未储能闭锁重合闸信号，经延时后放电；重合闸启动后，收到弹簧未储能闭锁重合闸信号，重合闸不放电。

b）具有闭锁二次重合闸功能，可设定闭锁二次重合闸时限。一次重合闸后在设定时间（可整定）之内检测到故障电流，则闭锁二次重合闸。

（21）自动解列功能检测。

1）自动解列功能包括电压越限自动解列与频率越限自动解列功能，设置压板控制自动解列功能的投退。

2）宜采用三相电压判别，并具备电压断线闭锁功能。

3）电压越限自动解列功能包括 4 个分功能，具体要求如下：

a）设置电压过低自动解列功能，当电压低于或等于 $50\%U_n$ 时，延时 5.0s 后自动分闸。

b）设置电压过高自动解列功能，当电压高于或等于 $135\%U_n$ 时，延时 0.2s 后自动分闸。

c）设置低电压自动解列功能，当电压介于（$50\%U_n$，U_L]时，延时 T_{UL} 后自动分闸。

d）设置高电压自动解列功能，当电压介于 [U_H，$135\%U_n$）时，延时 T_{UH} 后自动分闸。

4）频率越限自动解列功能包括 3 个分功能，具体要求如下：

a）设置频率过低自动解列功能，当频率低于或等于 47.0Hz 时，延时 0.2s 后自动分闸。

b）设置低频自动解列功能，当频率介于（47.0Hz，f_L）时，延时 T_{fL} 后自动分闸。

c）设置高频自动解列功能，当频率介于（f_H，55.0Hz）时，延时 T_{fH} 后自动分闸。

（22）不依赖通信电压型馈线自动化功能检测。

馈线自动化功能通过转换开关控制投入或退出，只在馈线自动化功能通过转换开关投入时才开放相应定值项的整定。

1）电压型馈线自动化功能应通过控制字投退。可通过就地和远方投退保护软压板或设置控制字等方式灵活设置为分段开关、联络开关两种工作模式；

2）具有失电后延时（Z 时限，可整定）分闸功能，开关在合位、双侧失压、无流，失电延时时间到，控制开关分闸。

3）具有电源侧、负荷侧得电延时（X 时限，可整定）后合闸功能，开关在分位、一侧得压、一侧无压，得电延时时间到，控制开关合闸，电源侧得电合、负荷侧得电合可通过控制字整定。

4）具有单侧失压延时（X_L 时限，可整定）后合闸功能，开关在分位且双侧电压正常持续规定时间以上，单侧电压消失，延时时间到后，控制开关合闸。

5）联络开关模式，双侧均有电压时，具备闭锁合闸功能。

6）具有闭锁合闸功能。

a）电压时间型馈线自动化功能时：合闸之后在设定时限（Y 时限，可整定）之内失压，则自动分闸或由上级开关跳闸后失电分闸，并闭锁合闸。

b）电压电流型馈线自动化功能时：合闸之后在设定时限（Y 时限，可整定）之内失压，且检测到故障电流（分为相间故障电流值、接地故障电流值），则自动分闸或由上级开关跳闸后失电分闸，并闭锁合闸（若在 Y 时限之内失压但没有检测到故障电流，则自动分闸或由上级开关跳闸后失电分闸，但不闭锁合闸）。

7）具备闭锁分闸功能。若合闸之后在设定时限（Y 时限，可整定）之内未检测到故障（失压且检测到故障电流），则闭锁分闸，延时 5min 后闭锁复归。

8）具有非遮断电流保护功能。当开关合闸检测到电流，且故障电流超过负荷开关开断容量时，则启动非遮断电流保护，开关禁止分闸。

9）具备残压闭锁功能，开关在单侧失电后，在一定时间内检测到故障残压时，闭锁合闸，检测故障残压定值固化设定为 $25\%U_n$，残压闭锁时间固化取与 Y 时限一致，上述定值不开放整定。

10）具有涌流识别功能，用户大容量变压器合闸时不误动。

11）具有采用电压电流复合判据的相间故障告警及接地故障告警功能。

12）具有零序电压保护功能，可通过控制字选择跳闸、仅发告警信号或退出。零序电压动作值固定取 $20\%3U_0$，动作时间固定取 0.6s。当开关合闸并检测到零序电压时，经固定延时分闸或告警。

13）具有 TV 断线告警功能，并能将告警信号上送到主站。

（23）雪崩处理能力检测。在信息剧增等异常情况下，控制器应能正常处理所有遥信和遥测信号的快速变化，并正常向主站系统发送相关信息，不出现死机、重启，以及漏发、多发和错发信息的现象。

（24）二次安全防护设备检查。配电网自动化终端有线专网、无线专网、无线公网通信接口处均应配置二次安全防护设备，应满足 Q/CSG 1204009—2015《南方电网电力监控系统安全防护技术规范》的技术要求。

（25）绝缘电阻试验。终端各电气回路对地和各电气回路之间的绝缘电阻要求应满足正常条件下不小于 5MΩ，湿热条件下 1MΩ。

（26）电压暂降和短时中断试验。满足 GB/T 15153.1—1998 中 2 级的要求。在无后备电源时，在电源电压ΔU 为 100%，电压中断为 0.5s 的条件下，终端应能正常工作，不应发生掉电、重启、死机、错误动作或损坏，电源电压恢复后存储数据无变化，工作正常。

（27）电快速瞬变脉冲群抗扰度检测。满足 GB/T 15153.1—1998 中 4 级的要求。电源回路应能承受 4kV，工频量及信号回路能承受 2kV 传导性电快速瞬变脉冲群的骚扰而不发生错误动作和损坏，并能正常工作。

（28）浪涌抗扰度检测。满足 GB/T 15153.1—1998 中 4 级的要求。控制器电源回路施加共模对地 4kV、差模 2kV 浪涌干扰电压和 1.2/50μs 波形情况下，控制器应能正常工作。

（29）静电放电抗扰度检测。在正常工作条件下，应能承受加在其外壳和人员操作部分上的 8kV 直接静电放电以及邻近设备的间接静电放电而不发生错误动作和损坏。

（30）低温试验。参照 GB/T 13729—2002 中 4.3 规定的试验方法进行测试，低温室的温度偏差不大于±2℃，设备各表面与相应的室内壁之间最小距离不小于 150mm。低温室以不超过 1℃/min 的变化率降温，待温度达到−40℃并稳定后开始计时，保温 2h，再使设备连续通电 2h，终端应能正常工作，而且各项性能指标应正常。

（31）高温试验。参照 GB/T 13729—2002 中 4.4 规定的试验方法进行测试，高温室的温度偏差不大于±2℃，相对湿度不超过 50%，设备在高温室内以不超过 1℃/min 的变化率升温，待温度达到 70℃并稳定后开始计时，保温 2h，再使设备连续通电 2h，终端应能正常工作，而且各项性能指标应正常。

（32）恒温湿热试验。参照 GB/T 13729—2002 中 4.5 规定的试验方法进行测试，试验室的温度偏差不大于±2℃，相对湿度偏差不大于±2%，设备各表面与相应的室内壁之间最小距离不小于 150mm，凝结水不得滴到试验样品上，试验室以不超过 1℃/min 的变化率升温，待温度达到+40℃并稳定后再加湿到（93±3）%范围内，保持 48h，在试验最后 1～2h，测量设备绝缘电阻，指标应合格。试验结束后检查设备外观。

4. 成套设备联调试验

（1）通过主站、控制器对开关进行分、合遥控操作，开关应正确动作，且控制器及主站采集的开关位置信号应该正确。

（2）成套设备短路、接地保护开关（断路器）弹簧机构保护跳闸整组时间要求小于 80ms。永磁机构保护跳闸整组时间要求小于 55ms（保护跳闸出口固有时间应不大于 40ms）。

3.4.2.2　开关柜成套设备检测方法

开关柜成套设备根据检测对象可以分为：开关本体检测、控制器检测、成套设备联动检测。其中，开关本体检测包括：绝缘电阻测量、回路电阻测量、机械特性试验、主回路和辅助回路工频耐压试验等多个检测项目；控制器检测包括：设备结构检查、功能与性能检测、开关逻辑功能检测、影响量检测 5 个大项，并为每个大项单独设立若干小项；成套设备联动检测包括：遥测正确性检测、遥信正确性检测、遥控正确性检测、动作逻辑功能检测 4 个细项。以上每个细项都根据检测的重要性分为：关键检测项目和一般检测项目。

1. 资料检查

检查参检产品的产品质量合格证及在国家级机构进行的型式试验合格证书，型式试验证书需包括老化、高温、低温、湿热、高频干扰、静电放电、磁场影响、耐压等试验。同时提供参检产品软硬件版本。

2. 开关本体检测

（1）设计和外观检查。

1）铭牌检查：户外开关箱、开关设备及主要元器件的铭牌应符合 GB/T 3906—2006 中的 5.10 及招投标技术文件规定。

2）箱体应完整，无损伤、锈蚀、变形。

3）柜体及面板标识，应符合招投标技术文件规定。

4）主要部件、元器件的型号、生产厂家符合招投标技术文件要求。

5）开关柜具备泄压通道、带电指示装置且符合招投标技术文件要求，带电指示器应采用插拔式、具有验电和二次对相功能，采用红色 LED 显示元件。

6）气箱配置带刻度值的 SF_6 气体压力计，气体压力指示应在合格范围内。

7）电力电缆隔室与电缆沟连接处应设置防止小动物进入的措施。

（2）主回路电阻测量。

1）应采用电流不小于 100A 的直流压降法，测量主回路两端之间的电阻值，必要时可测量断路器、隔离开关、电流互感器的导电回路电阻。

2）试验结果应满足厂家技术条件要求。

3）如果进行温升试验，则还要求温升试验前后的偏差不应大于 20%。

（3）机械特性测量。机械特性参数应符合招投标技术文件及厂家技术条件的要求。

（4）机械操作试验。

1）开关应能在额定操作电压的 85%～110% 内可靠合闸，交流时在合闸装置的额定电源频率下应该正确的动作。当电源电压小于或等于额定值的 30% 时，不应动作。

2）开关应能在额定操作电压的 65%（直流）或 85%（交流）到 120% 内可靠分闸、交流时在分闸装置的额定电源频率下应正确地动作。当电源电压小于或等于额定值的 30% 时，不应动作。

3）手动分、合断路器、隔离开关（如果有）及接地开关各5次，应可靠动作。

4）可抽出部件、可移开部件按要求操作5次，应可靠动作。

（5）"五防"试验。对照招投标技术文件，应具备完善的"五防"联锁功能（要求机械联锁）。

（6）防护等级验证。外壳防护等级应满足招投标技术文件的要求：IP43。

（7）接地金属部件的接地连续性试验。外壳的金属部件和/或金属隔板和活门以及它们的金属部件到提供的接地点应在30A（DC）的条件下进行试验，电压降不应超过3V。

（8）主回路工频耐压试验。相间及相对地耐受电压42kV，开关断口、隔离断口耐受电压48kV，试验时间1min，无闪络、击穿。

（9）辅助和控制回路的绝缘试验。

1）试验电压应为2000V，电压持续1min。

2）试验应未发生破坏性放电。

（10）电压互感器（TV）外观检查

1）表面应光洁平整、色泽均匀，不应有损伤痕迹。

2）铭牌及必要的标志完整（包括产品编号，出厂日期，接线图或接线方式说明（三相TV时），额定电压比，准确度等级等）、字迹清晰、工整。一、二次接线端子的标志应清晰，接地端子上应有接地标志。

3）铭牌所标示的一次、二次侧电压、额定容量、精度等级等参数满足招投标技术文件的要求。

（11）电压互感器（TV）工频耐压试验。

1）一次绕组接地端、绕组段间及接地端子之间的工频耐压试验，依据GB/T 20840.3—2013进行，试验电压：3kV，试验时间：60s。

2）一次绕组工频耐压试验，依据GB/T 20840.3—2013进行，试验电压：42kV，试验时间：60s。

（12）电压互感器（TV）感应耐压试验

依据GB/T 20840.3—2013进行，对二次绕组施加一足够的励磁电压时一次绕组感应出规定的试验电压值，试验电压：30kV，试验频率：150Hz，试验时间：40s。

3. 控制器检测

（1）外观检查。

1）箱式结构的柜门开启、关闭应灵活自如，锁紧应可靠和保证密封等级，门的开启角度不应小于120°。

2）二次小室柜门外配蚀刻不锈钢铭牌，厚度0.8mm，标示内容包含名称配电网自动化终端型号、装置电源、操作电源、额定电压、额定电流、产品编号、制造日期及制造厂名等。

58

3）二次小室应具备防雷器等完备的防雷保护措施。箱体内要求配置接地铜排，内部设备接地线（接地线用截面积不小于 2.5mm² 的多股专用接地线）应汇总至接地铜排上再引接至开关柜体接地。

4）二次小室内需分别配置保护测控装置电源、储能电源、操作电源、冷凝除湿器的空气开关。

5）二次小室箱体应为通信设备预留安装空间（高度不小于 12U，宽度不小于 600mm），预留无线通信用的天线外露孔，确保信号不会被屏蔽，预留空间用于通信电缆和电源线走线。

（2）操作面板及运行状态指示检查。

1）开关柜二次小室面板设置"远方/就地"选控开关、继电保护功能/馈线自动化功能转换开关、电动分合闸均采用转换开关型式。

2）开关柜二次小室操作面板设置手动/自动转换开关，用于自动化逻辑功能投退，其功能投退不影响主站遥控。

3）开关柜二次小室操作面板设置保护跳闸、保护合闸、遥控/电动分闸、遥控/电动合闸、安全自动控制功能投入、停用重合闸、检修状态投入硬压板，连接片采用普通分立式，开口端应装在上方，不得采用拔插式连接片，出口连接片采用红色，功能连接片采用黄色，备用连接片采用浅驼色，正常运行退出的连接片（如保护检修状态连接片）可采用与备用连接片一致的颜色，连接片的底座色采用浅驼色。

4）开关柜二次小室操作面板设置操动机构储能指示灯（黄色）、开关分位指示灯（绿色），开关合位指示灯（红色）。

5）配电网自动化终端面板设置的状态指示灯应至少包括：工作电源指示灯、保护测控单元运行指示灯、装置自检（异常告警）指示灯、保护动作指示灯、重合闸动作指示灯、通信状态指示灯，以及配电网自动化终端信号复归按钮。

6）复归按钮、合闸按钮、分闸按钮均要加装防护罩。复归按钮采用灰色、合闸按钮采用红色、分闸按钮采用绿色。

（3）电源模块功能试验。

配电网自动化终端工作电源、电动操动机构（分弹簧机构和永磁机构两种）及储能电机电源要求 DC48V，均取自外部直流系统，控制单元自身无需配置后备电源（户外不具备外部直流系统的可按现场用户要求配置蓄电池）。

（4）交流工频输入量基本误差试验。

1）交流采样容量可根据需要单独选择配置。

2）交流采样线路电压、线路电流、零序电流（零序电压），采样精度：0.5 级。

3）有功、无功精度：1 级。

4）直流采样支持 0～150V，误差不大于 0.5%。

故障电流试验。故障电流输入范围不小于 20 倍额定电流，故障电流总误差不大于 3%。

（5）状态量（遥信）输入试验。

1）遥信量采集包括：断路器位置、远方/就地选控开关位置、保护（包括速断、可分相分段过流、接地）动作、重合闸动作、装置故障（终端异常或故障）、弹簧未储能、控制回路断线、温湿度越限信号、直流系统监控信号等信号，并向配电网自动化主站发送，状态变位优先传送。至少预留 256 个遥信开关量。

2）遥信输入回路采用光电隔离，并具有软硬件滤波措施，防止输入接点抖动或强电磁场干扰误动。

3）具备事件顺序记录功能，记录装置变位遥信、事故遥信、开关事故分合次数统计、事件 SOE 等，并可根据遥信点表要求上送配电网自动化主站，供事故追忆。通信中断时未发送的事件顺序记录 SOE 应在通信恢复时补发，且不重发、多发。且支持单点、双点遥信上送主站。

（6）SOE 分辨率试验。SOE 分辨率小于 2ms。

（7）开关量防抖动功能试验。终端具备开入量防抖动功能，当开入量持续时间小于消抖时间定值时，终端不应产生该开入的变位和 SOE 信号。软件防抖动时间 6～60 000ms 可设。

（8）遥控功能试验。

1）接收并执行配电网自动化主站遥控命令。

2）遥控应严格按照预置、返校、执行的顺序进行。

3）具备遥控防误动措施，保证控制操作的可靠性。

4）区分主站和当地遥控记录并保存，保存最近至少 10 次动作指令。

5）遥控输出接点不能与保护跳合闸共用触点，应采用干触点输出，保护及遥控接点输出的展宽时间可独立设置。

（9）遥控异常自诊断功能试验。

1）具备遥控异常自诊断功能，遥在预置返校后，在设定时间内，由于通信中断或执行命令未下达，应自动取消本次遥控命令。

2）同一遥控点不能同时接收两个不同主站的遥控命令。

（10）遥测越限告警功能检测。支持遥测越限判断及报警功能。

（11）遥测死区功能检测。

1）遥测采集死区与上送死区应独立，每个遥测上送死区可独立设置。

2）保护测控单元和综合测控通信单元采集到变化值超过上送死区值时，综合测控通信单元主动将遥测值上送，即最新采集到的值与上一次上送的数值相比超过了设置的死区值时，综合测控通信单元主动上送主站；小于死区值时，不主动上送，由主站总召。由主站总召时，无论总召时遥测值与前次上送值之差有多少，也应上送开关当前所有遥测的即时值。

（12）对时功能试验。

1）具备主站时钟校时功能，支持北斗和 GPS 对时功能。

2）终端 24h 自走时钟误差不大于 0.5s。

3）无线通信模块检测：

a）接收信号灵敏度：≤－102dBm（GSM900 MHz 频段、DCS1800MHz 频段）；

b）最大输出功率：GSM900MHz 频段 33dBm±2dB，DCS1800MHz 频段 30dBm±2dB。

c）频率稳定度：GSM900MHz±90Hz，DCS1800MHz±180Hz。

（13）通信功能试验。

1）综合管理单元应具备总线和 RJ-45 网络接口，接口数量和类型可配置，具备专用的 RS－232 和网络维护接口。保护测控单元应具备总线和 RJ-45 网络接口。

2）保护测控通信单元配置通信模块，支持光纤、载波、无线等通信方式与配电网自动化主站进行通信，终端应支持主备前置服务器 IP 地址通信。

3）支持 DL/T 634.5104—2009、DL/T 634.5101—2002 规定的通信协议。

（14）数据处理及传送功能试验。

1）模拟量输入信号处理应包括数据有效性判断、越限判断及越限报警、死区设置、工程转换量参数设置、数字滤波、误差补偿（含精度、线性度、零漂校正等）信号抗干扰等功能；

2）历史数据保存：最新的 256 条事件顺序记录和 256 条遥信变位，最新 10 条故障电流信息，最新 50 次遥控操作指令，数据可随时由主站召唤。

（15）维护和调试功能检测。

1）具备查询和导出历史数据、保护定值、转发表、通信参数等，支持通过广东电网配电网自动化 101/104 规约实施细则在线修改、下装和上载保护定值、转发表（包括模拟量采集方式、工程转换量参数、状态量的开/闭触点状态、数字量保持时间及各类信息序位）、通信参数等，下装和上载程序等维护功能。

2）具备监视各通道接收、发送数据及误码检测功能，可方便进行数据分析及通道故障排除。

3）通过维护口及装置操作界面可实现就地维护功能，就地与远程维护功能应保持一致。

4）保护逻辑功能通过硬压板进行投退，常规保护逻辑、电压电流型馈线自动化和智能分布式馈线自动化通过切换把手进行切换。

5）系统维护应有自保护恢复功能，维护过程中如出现异常应能自动恢复到维护前的正常状态。

6）应至少可设置两级维护密码，可按权限分级开放维护功能。

7）具有液晶显示，提供全汉化中文菜单，操作简捷，便于现场维护，保护动作、TV断线等异常信号需有明显的弹出窗口提示。

（16）自诊断及自恢复功能检测。

1）应具备自诊断及自恢复功能。装置在正常运行时定时自检，自检的对象包括定值区、开出回路、开入回路、电源回路、采样通道、E²PROM（用户数据存储区）、储能电容或蓄电池等各部分。自检异常时，发出告警报告，点亮告警指示灯，并且闭锁分、合闸回路，从而避免误动作。通信中断或掉电重启应能自动恢复正常运行。

2）具有当地相应馈线故障指示和信号复归功能。故障指示灯在故障后闪烁（延时48h时自动复归或手动按钮复位，或者故障处理完毕，开关合闸后，故障告警复归）。

（17）常规保护功能检测。

继电保护功能通过转换开关控制投入或退出，只在继电保护功能通过转换开关投入时才开放相应定值项的整定。

1）具有过电流保护功能，可对电流保护动作时限、电流定值进行设定。分两段进行故障判断，每一段的动作电流（0～20I_n，步长0.01A，误差1%以内）和跳闸延时（0～99s，步长0.01s，误差1%以内）均可以由用户自由平滑设定，保护跳闸出口固有时间不应大于40ms。

2）具有零序电流保护功能，可对保护动作时限、电流定值进行设定；分两段进行故障判断，每一段的动作电流均可以由用户自由平滑设定。各段均可选择跳闸或告警。动作电流（0～20I_n，步长0.01A，误差1%以内）和跳闸延时（0～99s，步长0.01s，误差1%以内）均可以由用户自由平滑设定，保护跳闸出口固有时间不应大于40ms。

3）保护功能及重合闸功能应分别设置软压板实现远方投退。

4）具有涌流识别功能，定值范围为0%～100%，步长1%。

（18）重合闸功能检测。

1）自动重合闸功能：

a）应具备一次重合闸和二次重合闸功能，并可通过控制字选择投入一次或二次重合闸，应具备检无压重合闸、检同期重合闸、不检无压及不检同期重合闸功能，并能通过控制字选择，检无压方式在有压后自动转为检同期方式。

b）检无压重合闸定值固定取40%额定电压，检同期重合闸的电压差定值固定取20%额定电压、角度差定值固定取30°，上述定值不开放整定。

c）重合闸应具备后加速功能，固定加速过流Ⅰ段和零序过流Ⅰ段，加速过流Ⅰ段瞬时动作，加速零序过流Ⅰ段固定延时100ms动作，后加速不带方向。

d）重合闸功能应设置软压板实现远方投退。

e）重合闸功能有关时间段的设置应满足时序要求。且当投入一次重合闸时，重合闸充电时间固定取15s，当投入二次重合闸时，重合闸充电时间固定取180s，重合闸充电时间不开放整定。重合闸开放时间（开放重合闸功能的时间）不小于 5min。一次重合闸延时 0～60s，步长 1s，误差 1%以内，可以由用户自由平滑设定。二次重合闸 0～180s，步长 1s，误差 1%以内，可以由用户自由平滑设定（准确度，0s：≤40ms）。

2）闭锁重合闸功能：

a）重合闸启动前，收到弹簧未储能闭锁重合闸信号，经延时后放电；重合闸启动后，收到弹簧未储能闭锁重合闸信号，重合闸不放电。

b）具有闭锁二次重合闸功能，可设定闭锁二次重合闸时限。一次重合闸后在设定时间（可整定）之内检测到故障电流，则闭锁二次重合闸。

（19）自动解列功能检测。

1）自动解列功能包括电压越限自动解列与频率越限自动解列功能，设置压板控制自动解列功能的投退。

2）宜采用三相电压判别，并具备电压断线闭锁功能。

3）电压越限自动解列功能包括 4 个分功能，具体要求如下：

a）设置电压过低自动解列功能，当电压低于或等于 $50\%U_n$ 时，延时 5.0s 后自动分闸。

b）设置电压过高自动解列功能，当电压高于或等于 $135\%U_n$ 时，延时 0.2s 后自动分闸。

c）设置低电压自动解列功能，当电压介于（$50\%U_n$，U_L] 时，延时 T_{UL} 后自动分闸。

d）设置高电压自动解列功能，当电压介于 [U_H，$135\%U_n$) 时，延时 T_{UH} 后自动分闸。

4）频率越限自动解列功能包括 3 个分功能，具体要求如下：

a）设置频率过低自动解列功能，当频率低于或等于 47.0Hz 时，延时 0.2s 后自动分闸。

b）设置低频自动解列功能，当频率介于（47.0Hz，f_L）时，延时后自动分闸。

c）设置高频自动解列功能，当频率介于（f_H，55.0Hz）时，延时后自动分闸。

（20）不依赖通信电压型馈线自动化功能检测。

馈线自动化功能通过转换开关控制投入或退出，只在馈线自动化功能通过转换开关投入时才开放相应定值项的整定。

1）电压型馈线自动化功能应通过控制字投退。可通过就地和远方投退保护软压板或设置控制字等方式灵活设置为分段开关、联络开关两种工作模式；

2）具有失电后延时（Z 时限，可整定）分闸功能，开关在合位、双侧失压、无流，失电延时时间到，控制开关分闸。

3）具有电源侧、负荷侧得电延时（X 时限，可整定）后合闸功能，开关在分位、一侧得压、一侧无压，得电延时时间到，控制开关合闸，电源侧得电合、负荷侧得电合可通过控制字整定。

4）具有单侧失压延时（X_L 时限，可整定）后合闸功能，开关在分位且双侧电压正常持续规定时间以上，单侧电压消失，延时时间到后，控制开关合闸。

5）联络开关模式，双侧均有电压时，具备闭锁合闸功能。

6）具有闭锁合闸功能。

a）电压时间型馈线自动化功能时：合闸之后在设定时限（Y 时限，可整定）之内失压，则自动分闸或由上级开关跳闸后失电分闸，并闭锁合闸。

b）电压电流型馈线自动化功能时：合闸之后在设定时限（Y 时限，可整定）之内失压，且检测到故障电流（分为相间故障电流值、接地故障电流值），则自动分闸或由上级开关跳闸后失电分闸，并闭锁合闸（若在 Y 时限之内失压但没有检测到故障电流，则自动分闸或由上级开关跳闸后失电分闸，但不闭锁合闸）。

7）具备闭锁分闸功能。若合闸之后在设定时限（Y 时限，可整定）之内未检测到故障（失压且检测到故障电流），则闭锁分闸，延时 5min 后闭锁复归。

8）具有非遮断电流保护功能。当开关合闸检测到电流，且故障电流超过负荷开关开断容量时，则启动非遮断电流保护，开关禁止分闸。

9）具备残压闭锁功能，开关在单侧失电后，在一定时间内检测到故障残压时，闭锁合闸，检测故障残压定值固化设定为 $25\%U_n$，残压闭锁时间固化取与 Y 时限一致，上述定值不开放整定。

10）具有涌流识别功能，用户大容量变压器合闸时不误动。

11）具有采用电压电流复合判据的相间故障告警及接地故障告警功能。

12）具有零序电压保护功能，可通过控制字选择跳闸，仅发告警信号或退出。零序电压动作值固定取 $20\%3U_0$，动作时间固定取 0.6s。当开关合闸并检测到零序电压时，经固定延时分闸或告警。

13）具有 TV 断线告警功能，并能将告警信号上送到主站。

（21）雪崩处理能力试验。在信息剧增等异常情况下，终端应能正常处理所有遥信和遥测信号的快速变化，并正常向主站系统发送相关信息，不出现死机、重启的现象，以及不漏发、多发和错发信息。

（22）二次安全防护设备检查。配电网自动化终端有线专网、无线专网、无线公网通信接口处均应配置二次安全防护设备，加密算法至少支持国密 SM1、SM2、SM3 算法及国密 IPSEC 规范，应满足 Q/CSG 1204009—2015《南方电网电力监控系统安全防护技术规范》的技术要求。

配置要求：

1）配网终端安全防护设备目前按接口类型分为网口型和 GPRS 串口型，其中网口型配置 2 个 10M/100M 以太网接口；GPRS－串口型配置 1 个 RS－232 串行口连接配电终端，1 个内置无线路由模块连接无线网络。

2）具备 1 个 RS－232/Console 配置接口。

（23）绝缘电阻试验。终端各电气回路对地和各电气回路之间用相应的绝缘电阻表测量绝缘电阻，测量时间不小于 5s。其测量结果应满足不小于 10MΩ。

（24）电压暂降和短时中断试验。满足 GB/T 15153.1—1998 中 2 级的要求。在无后备电源时，在电源电压 ΔU 为 100%，电压中断为 0.5s 的条件下，终端应能正常工作，不应发生掉电、重启、死机、错误动作或损坏，电源电压恢复后存储数据无变化，工作正常。

（25）电快速瞬变脉冲群抗扰度试验。满足 GB/T 15153.1—1998 中 4 级的要求。终端应能承受电源回路 4kV，工频量及信号回路 2kV 传导性电快速瞬变脉冲群的骚扰而不发生错误动作和损坏，并能正常工作。

（26）浪涌抗扰度试验。满足 GB/T 15153.1—1998 中 4 级的要求。控制器电源回路施加共模对地 4kV、差模 2kV 浪涌干扰电压和 1.2/50μs 波形情况下，控制器应能正常工作。

（27）静电放电抗扰度试验。满足 GB/T 15153.1—1998 中 4 级的要求。终端承受加在其外壳和人员操作部分上的 8kV 直接静电放电以及邻近设备的间接静电放电应能正常工作，不发生错误动作和损坏，各项指标正常。

（28）低温试验。参照 GB/T 13729—2002 中 4.3 规定的试验方法进行测试，低温室的温度偏差不大于±2℃，设备各表面与相应的室内壁之间最小距离不小于 150mm。低温室以不超过 1℃/min 的变化率降温，待温度达到 -40℃并稳定后开始计时，保温 2h，再使设备连续通电 2h，终端应能正常工作，而且各项性能指标应正常。

（29）高温试验。参照 GB/T 13729—2002 中 4.4 规定的试验方法进行测试，高温室的温度偏差不大于±2℃，相对湿度不超过 50%，设备在高温室内以不超过 1℃/min 的变化率升温，待温度达到 70℃并稳定后开始计时，保温 2h，再使设备连续通电 2h，终端应能正常工作，而且各项性能指标应正常。

（30）恒温湿热试验。参照 GB/T 13729—2002 中 4.5 规定的试验方法进行测试，试验室的温度偏差不大于±2℃，相对湿度偏差不大于±2%，设备各表面与相应的室内壁之间最小距离不小于 150mm，凝结水不得滴到试验样品上，试验室以不超过 1℃/min 的变化率升温，待温度达到 +40℃并稳定后再加湿到（93±3）%范围内，保持 48h，在试验最后 1～2h，测量设备绝缘电阻，指标应合格。试验结束后检查设备外观。

（31）定值规范化检查。

1）定值项目（包括软、硬压板）统一按《广东电网有限责任公司 10kV 真空断路器柜（户外开关箱）自动化成套设备订货技术规范书》要求设置。

2）具备多个定值区的设置，利于转供电运行，并在界面标示运行定值区。

4. 成套设备联调试验

（1）通过主站、控制器对开关进行分、合遥控操作，开关应正确动作，且控制器及主站采集的开关位置信号应该正确。

（2）成套设备短路、接地保护开关（断路器）弹簧机构保护跳闸整组时间要求小于100ms。永磁机构保护跳闸整组时间要求小于55ms。

3.5 配电网自动化设备检测记录表格

3.5.1 开关本体检测记录表格

（1）设备铭牌参数。

1）户外开关箱（外箱体）铭牌参数（见表3-9）。

表3-9　　　　　　　　户外开关箱（外箱体）铭牌参数

产品名称		适用标准	
产品型号		额定电压	
额定频率		额定电流	
额定短时工频耐受电压		额定雷电冲击耐受电压	
额定短时耐受电流		额定短路持续时间	
额定峰值耐受电流		额定短路开断电流	
出厂编号		生产日期	
生产厂家			

2）箱内开关柜铭牌参数（见表3-10）。

表3-10　　　　　　　　　箱内开关柜铭牌参数

产品名称		环网柜	
产品型号		适用标准	
额定电压		额定电流	
额定频率		额定短路开断电流	
额定短时工频耐受电压		额定雷电冲击耐受电压	
额定短时耐受电流		额定短路持续时间	
额定峰值耐受电流		防护等级	
生产日期		出厂编号	
生产厂家			

3）三相电压互感器（母线 T）铭牌参数（见表 3-11）。

表 3-11　　　　　　　　　　　三相电压互感器（母线 T）铭牌参数

产品名称		型　　号	
额定一次电压		额定频率	
额定二次电压		绝缘水平	
额定输出容量		瞬时输出容量	
准确度等级		出厂编号	
生产日期		生产厂家	

4）单相电压互感器（进线 TV）铭牌参数（见表 3-12）。

表 3-12　　　　　　　　　　　单相电压互感器（进线 TV）铭牌参数

产品名称		型　　号	
额定一次电压		额定频率	
额定二次电压		绝缘水平	
额定输出容量		瞬时输出容量	
准确度等级		出厂编号	
生产日期		生产厂家	

（2）设计和外观检查（见表 3-13）。

表 3-13　　　　　　　　　　　设　计　和　外　观　检　查

试品编号	设计和外观检查	结论
	1）铭牌检查：户外开关箱、开关设备及主要元器件的铭牌应符合 GB/T 3906—2006 中 5.10 及招投标技术文件规定。 2）箱体应完整，无损伤、锈蚀、变形。 3）柜体及面板标识，应符合招投标技术文件规定。 4）主要部件、元器件的型号、生产厂家符合招投标技术文件要求。 5）开关柜具备泄压通道、带电指示装置且符合招投标技术文件要求，带电指示器应采用插拔式、具有验电和二次对相功能，采用红色 LED 显示元件。 6）气箱配置带刻度值的 SF_6 气体压力计，气体压力指示应在合格范围内。 7）电力电缆隔室与电缆沟连接处应设置防止小动物进入的措施	

注　铭牌及外观如附图。

配电自动化系统检测技术

（3）主回路电阻测量（见表 3-14）。

表 3-14 主 回 路 电 阻 测 量

试品编号	测量位置	测量值（μΩ）	技术要求（μΩ）	结论
	A			
	B			
	C			
	A			
	B		≤350	
	C			
	A			
	B			
	C			

（4）机械特性测量（见表 3-15）。

表 3-15 机 械 特 性 测 量 （ms）

试验项目	试验相别			技术要求	试验结果
	A 相	B 相	C 相		
合闸时间				≤80	
合闸不同期				≤2	
分闸时间				≤40	
分闸不同期				≤2	
合闸弹跳时间	0.0	0.0	0.0	≤2	
G02 单元柜					
合闸时间				≤80	
合闸不同期				≤2	
分闸时间				≤40	
分闸不同期				≤2	
合闸弹跳时间				≤2	
G03 单元柜					
合闸时间				≤80	
合闸不同期				≤2	

续表

试验项目	试验相别			技术要求	试验结果
	A 相	B 相	C 相		
分闸时间				≤40	
分闸不同期				≤2	
合闸弹跳时间				≤2	
G04 单元柜					
合闸时间				≤80	
合闸不同期				≤2	
分闸时间				≤40	
分闸不同期				≤2	
合闸弹跳时间				≤2	

（5）机械操作试验（见表 3－16）。

表 3－16　　　　　　　　　机 械 操 作 试 验

试品编号	操作项目	操作电压值（V）	操作次数	动作次数	结论
	以 120%U_N 合闸 5 次	57.6	5		
	以 85%U_N 合闸 5 次	40.8	5		
	以 30%U_N 合闸 5 次	14.4	5		
	以 120%U_N 分闸 5 次	57.6	5		
	以 65%U_N 分闸 5 次	31.2	5		
	以 30%U_N 分闸 5 次	14.4	5		
	手动操作 5 次	—	5		

（6）"五防"试验（见表 3－17）。

表 3－17　　　　　　　　　"五 防" 试 验

试品编号	项目	"五防"联锁操作	操作次数	结论
	防止误分、合断路器	隔离开关合闸时，断路器才能合/分闸	5	
	防止带接地线送电	接地开关合闸时，断路器不能合闸	5	
		接地开关合闸时，隔离开关不能合闸	5	合格
	防止带电挂接地线	断路器合闸时，接地开关不能合闸	5	
		隔离开关合闸时，接地开关不能合闸	5	

续表

试品编号	项目	"五防"联锁操作	操作次数	结论
	防止误入带电间隔	接地开关合闸时，柜门才能打开	5	
		断路器合闸时，柜门不能打开	5	
		隔离开关合闸时，柜门不能打开	5	
		柜门打开时，接地开关不能分闸	5	
	防止带负荷分、合隔离开关	断路器合闸时，隔离开关不能分闸	5	

（7）防护等级验证（见表 3−18）。

表 3−18　　　　　　　　　防 护 等 级 验 证

试品编号	防护等级验证	结论
	外壳防护等级应满足招投标技术文件的要求：IP4X。 直径 1.0mm、长 100mm 的试验金属线不可以进入试品外壳上的间隙，符合 IP4X 防护等级要求	

（8）接地金属部件的接地连续性试验（见表 3−19）。

表 3−19　　　　　　　　　接地金属部件的接地连续性试验

试品编号	序号	测量位置	测量值（mΩ）	技术要求	结论
	1	外箱正前门左、右对接地点的电阻			
	2	外箱正前门锁扣把手对接地点的电阻			
	3	外箱右侧门对接地点的电阻			
	4	外箱右侧门锁扣把手对接地点的电阻			
	5	环网柜二次门对接地点的电阻	G01 G02 G03 G04 G05 G06	≤100mΩ	
	6	断路器合闸按钮挡板对接地点的电阻	G01 G02 G03 G04		
	7	断路器分闸按钮挡板对接地点的电阻	G01 G02 G03 G04		

续表

试品编号	序号	测量位置		测量值（mΩ）	技术要求	结论
	8	隔离开关联锁连接片对接地点的电阻	G01 G02 G03 G04 G05		≤100mΩ	
	9	下门联锁连接片对接地点的电阻	G01 G02 G03 G04 G05			
	10	TV柜备用间隔门对接地点的电阻				
	11	第一路进线TV门对接地点的电阻				
	12	第二路进线TV门对接地点的电阻				

（9）主回路工频耐压试验（见表 3-20）。

表 3-20　　　　　　　　　　主回路工频耐压试验

试品编号	试验位置	试验电压（kV）	试验时间（min）	结论
	A 对 B、C 及地	42	1	
	B 对 A、C 及地	42	1	
	C 对 A、B 及地	42	1	
	开关断口	48	1	
	隔离断口	48	1	

（10）辅助和控制回路的绝缘试验（见表 3-21）。

表 3-21　　　　　　　　　辅助和控制回路的绝缘试验

试品编号	试验位置	试验电压（kV）	试验时间（min）	结论
	辅助和控制回路	2	1	合格

（11）电压互感器（TV）外观检查（见表 3-22）。

表 3-22　　　　　　　　　电压互感器（TV）外观检查

试品编号	外观检验	结论
	1）表面应光洁平整、色泽均匀，不应有损伤痕迹。 2）铭牌及必要的标示完整（包括产品编号，出厂日期，接线图或接线方式说明（三相 TV 时），额定电压比，准确度等级等）字迹清晰、工整。一、二次接线端子的标示应清晰，接地端子上应有接地标示； 3）铭牌所标示的一次、二次侧电压、额定容量、精度等级等参数满足招投标技术文件的要求	

配电自动化系统检测技术

（12）电压互感器（TV）工频耐压试验（见表 3-23）。

表 3-23　　　　　　　　电压互感器（TV）工频耐压试验

试品编号	试验电压（kV）	试验时间（min）	结论
	42	1	
	42	1	
	42	1	

（13）电压互感器（TV）感应耐压试验（见表 3-24）。

表 3-24　　　　　　　　电压互感器（TV）感应耐压试验

试品编号	试验频率（Hz）	施加电压（V）	感应电（kV）	试验时间（s）	结论
	150	660	30	40	
	150	660	30	40	
	150	660	30	40	

3.5.2　配电网自动化终端检测记录表格

（1）配电网自动化终端铭牌参数（见表 3-25）。

表 3-25　　　　　　　　配电网自动化终端铭牌参数表

配网测控终端					
产品型号				产品规格	
操作电源		装置电源		额定电流	
额定电压		产品编号		生产日期	

（2）遥测要求检测记录（见表 3-26）。

表 3-26　　　　　　　　遥测要求检测记录表

交流电压						
检测项目	设定值	标准源值（V）	装置显示值（V）	采样精度（%）	误差（%）	结论
U_{ab}	$0U_n$	0.0000		≤0.5		
	$0.2U_n$	43.9983		≤0.5		
	$0.4U_n$	87.9979		≤0.5		
	$0.6U_n$	131.9990		≤0.5		

交流电压						
检测项目	设定值	标准源值（V）	装置显示值（V）	采样精度（%）	误差（%）	结论
U_{ab}	$0.8U_n$	175.9982		≤0.5		
	U_n	219.9983		≤0.5		
U_{bc}	$0U_n$	0.0000		≤0.5		
	$0.2U_n$	43.9957		≤0.5		
	$0.4U_n$	87.9980		≤0.5		
	$0.6U_n$	131.9982		≤0.5		
	$0.8U_n$	175.9973		≤0.5		
	U_n	219.9969		≤0.5		

交流电流						
检测项目	设定值	标准源值（A）	装置显示值（A）	采样精度（%）	误差（%）	结论
I_a	$0I_n$	0.000 00		≤0.5		
	$0.2I_n$	0.999 89		≤0.5		
	$0.4I_n$	1.999 90		≤0.5		
	$0.6I_n$	2.999 87		≤0.5		
	$0.8I_n$	3.999 99		≤0.5		
	I_n	5.000 03		≤0.5		
I_b	$0I_n$	0.000 00		≤0.5		
	$0.2I_n$	0.999 90		≤0.5		
	$0.4I_n$	1.999 85		≤0.5		
	$0.6I_n$	2.999 88		≤0.5		
	$0.8I_n$	3.999 92		≤0.5		
	I_n	5.000 08		≤0.5		
I_c	$0I_n$	0.000 00		≤0.5		
	$0.2I_n$	1.000 01		≤0.5		
	$0.4I_n$	1.999 87		≤0.5		
	$0.6I_n$	2.999 87		≤0.5		
	$0.8I_n$	3.999 90		≤0.5		
	I_n	4.999 78		≤0.5		

配电自动化系统检测技术

续表

交流电流						
检测项目	设定值	标准源值（A）	装置显示值（A）	采样精度（%）	误差（%）	结论
$10I_n$	$10I_n$	50.000 00		≤3.0		
$20I_n$	$20I_n$	100.000 00		≤3.0		
I_0	I_0	0.999 98		≤0.5		

功率						
检测项目	设定值	标准源值	装置检测值	采样精度（%）	误差（%）	结论
P	$I=0.5I_n$；$U=U_n$；$\cos\phi=0.866L$	952.60		≤1.0		
Q	$I=I_n$；$U=U_n$；$\cos\phi=0.866C$	−1100.01		≤1.0		

直流采样						
检测项目	设定值（V）	标准源值	装置检测值	采样精度（%）	误差（%）	结论
直流量采集检测	0	0.000		≤0.5		
	30	30.660		≤0.5		
	70	70.710		≤0.5		
	110	110.790		≤0.5		
	150	150.860		≤0.5		

（3）遥信检测记录（见表 3-27）。

表 3-27　　　　　　　　遥 信 检 测 记 录 表

模拟状态	第一回路	第二回路	分辨率（ms）	结论
合			≤2	
分			≤2	

（4）遥测死区功能检测记录（见表 3-28）。

表 3-28　　　　　　　　遥测死区功能检测记录表

原始值	设定值	步增（减）过程	是否上送遥测	结论
5A	$10\%I_n$	4.9		
		4.8		
		4.7		
		4.6		
		4.5		

（5）遥测越限告警功能检测记录（见表 3-29）。

表 3-29　　　　　　　　　　　遥测越限告警功能检测记录表

检测项目	设定值	步增（减）过程	延时	是否告警	结论
电流越上限	$I=5.5A$ $t=2s$	$I=5.4A$	$t=3s$		
		$I=5.6A$	$t=1s$		
		$I=5.6A$	$t=3s$		
电压越下限	$U=95V$ $T=2s$	$U=105V$	$t=3s$		
		$U=95V$	$t=1s$		
		$U=95V$	$t=3s$		

（6）开关量防抖动检测记录（见表 3-30）。

表 3-30　　　　　　　　　　　开关量防抖动检测记录表

设定值（ms）	输入脉冲保持时间（ms）	是否上送遥信	结论
20	18		
	22		
50	48		
	52		

（7）软件防抖时间设置记录（见表 3-31）。

表 3-31　　　　　　　　　　　软件防抖时间设置记录表

软件设置时间（ms）	是否上送遥信	结论
5		
1000		
10 000		
60 000		

（8）遥控正确性检测记录（见表 3-32）。

表 3-32　　　　　　　　　　　遥控正确性检测记录表

被检回路	遥控指令	动作结果	结论
第 1 回路	合		
	分		
第 2 回路	合		
	分		

（9）常规保护功能检测记录（见表 3－33）。

表 3－33 常规保护功能检测记录表

检测项目	整定值	输入值	动作情况	允许误差（ms）	延时	结论
过流保护功能检测	$I=1A$ $t=60\,000ms$	0.95 倍整定值，$I=0.95A$	可靠不动作	$\leq t+40$		
		1.05 倍整定值，$I=1.05A$	可靠动作			
	$I=3A$ $t=1000ms$	0.95 倍整定值，$I=2.85A$	可靠不动作	$\leq t+40$		
		1.05 倍整定值，$I=3.15A$	可靠动作			
	$I=5A$ $t=500ms$	0.95 倍整定值，$I=4.75A$	可靠不动作	$\leq t+40$		
		1.05 倍整定值，$I=5.25A$	可靠动作			
	$I=20A$ $t=50ms$	0.95 倍整定值，$I=19A$	可靠不动作	$\leq t+40$		
		1.05 倍整定值，$I=21A$	可靠动作			
零序电流保护功能检测	$I=1A$ $t=60\,000ms$	0.95 倍整定值，$I=0.95A$	可靠不动作	$\leq t+40$		
		1.05 倍整定值，$I=1.05A$	可靠动作			
	$I=3A$ $t=1000ms$	0.95 倍整定值，$I=2.85A$	可靠不动作	$\leq t+40$		
		1.05 倍整定值，$I=3.15A$	可靠动作			
	$I=5A$ $t=500ms$	0.95 倍整定值，$I=4.75A$	可靠不动作	$\leq t+40$		
		1.05 倍整定值，$I=5.25A$	可靠动作			
	$I=20A$ $t=50ms$	0.95 倍整定值，$I=19A$	可靠不动作	$\leq t+40$		
		1.05 倍整定值，$I=21A$	可靠动作			

（10）重合闸功能检测记录（见表 3－34）。

表 3－34 重合闸功能检测记录表

检测项目	整定值（ms）	动作情况	允许误差（ms）	延时	结论
一次重合闸	$t=1000$	延时后重合	$\leq t+40$		
	$t=5000$	延时后重合	$\leq t+40$		
二次重合闸	$t=10\,000$	延时后重合	$\leq t+40$		
	$t=50\,000$	延时后重合	$\leq t+40$		

（11）自动解列功能试验（见表 3－35）。

表 3-35　　　　　　　　　　　　自动解列功能试验表

检测项目	整定值	输入值	动作情况	结论
电压越限	$U_L = 80\%U_n$ $U_H = 120\%U_n$ $t_{UL} = 10\text{s}$ $t_{UH} = 2\text{s}$	$47.5\%U_n$		
		$52.5\%U_n$		
		$76\%U_n$		
		$84\%U_n$		
		$114\%U_n$		
		$126\%U_n$		
		$141.75\%U_n$		
频率越限	$f_L = 47.6\text{Hz}$ $f_H = 51\text{Hz}$ $t_{fL} = 2\text{s}$ $t_{fH} = 1\text{s}$	44.7Hz		
		47.5Hz		
		48.45Hz		
		53.55Hz		

（12）馈线自动化功能（见表 3-36）。

表 3-36　　　　　　　　　　馈 线 自 动 化 功 能 表

检测项目	整定值	开关位置	Ⅰ侧 U/I	Ⅱ侧 U/I	动作情况	结论
失电后延时分闸	$Z = 5\text{s}$	合位	$U = 57.7\text{V}$；$I = 5\text{A}$；持续 10s 后降为 0	$U = 57.7\text{V}$；$I = 5\text{A}$；持续 10s 后降为 0		
得电后延时合闸	$X = 5\text{s}$	分位	$U = 0\text{V}$	$U = 57.7\text{V}$		
单侧失压延时合闸	$X_L = 5\text{s}$	分位	$U = 57.7\text{V}$；持续 10s 后后降为 0	$U = 57.7\text{V}$		
联络开关模式时双侧有压闭锁合闸	—	分位	$U = 57.7\text{V}$	$U = 57.7\text{V}$		
闭锁合闸（电压时间型）	$Y = 5\text{s}$	分位	合闸后 5s 内 $U = 0$	—		
闭锁合闸（电压电流型）	$Y = 5\text{s}$	分位	—	合闸后 5s 内 $U = 0$，且检测到故障电流		
	$Y = 5\text{s}$	分位	—	合闸后 5s 内 $U = 0$，无故障电流		
闭锁分闸	$Y = 5\text{s}$	分位	合闸后 5s 内未检测出故障	—		
残压闭锁	$Y = 5\text{s}$；残压定值 25%	—	$U = 57.7\text{V}$ 持续 10s 后降为 0，5s 内检测到残压	—		
零序电压保护	$t = 0.6\text{s}$ $U = 20\%3U_0$	分位	合闸后检测到零序电压	—		

（13）绝缘电阻试验记录（见表3-37）。

表3-37　　　　　　　　　　　绝缘电阻试验记录表

测试部位	施加电压（V）	持续时间（s）	技术要求（MΩ）	试验记录	结论
电源输入对地	500	5	≥10		
开入回路对地	500	5	≥10		
电源回路对开入回路	500	5	≥10		

（14）定值规范化检查（见表3-38）。

表3-38　　　　　　　　　　定 值 规 范 化 检 查 表

检测项目	检查结果	结论
保护定值项目表	满足技术协议要求	
同期合环功能定值表	满足技术协议要求	
电压越限自动解列功能定值表	满足技术协议要求	
频率越限自动解列功能定值表	满足技术协议要求	
馈线自动化定值项目表	满足技术协议要求	

（15）成套设备联动检测记录（见表3-39）。

表3-39　　　　　　　　　　成套设备联动检测记录表

控制方式	遥控指令	动作结果	控制器采集信号	主站采集信号	结论
主站	合				
	分				
控制器	合				
	分				

3.5.3　故障指示器及线路智能录波监测装置检测记录表格

（1）短路故障指示功能测试记录（见表3-40）。

表3-40　　　　　　　　　短路故障指示功能测试记录表

负荷电流（A）	短路故障电流（A）	故障电流持续时间（ms）	是否报警	结论
10	160	500		
10	610	40		
500	800	500		

（2）单相接地故障指示功能测试记录（见表 3－41）。

表 3－41　　　　　　　　　　单相接地故障指示功能测试记录表

零序电流（A）	接地故障电流（A）	故障电流持续时间（ms）	是否报警	结论
0	50	500		
0	50	500		
0	50	500		

第4章
配电网自愈检测技术

配电网自动化技术着力解决配网的故障定位、隔离和恢复非故障区域供电的问题，在减少用户停电时间，提高供电可靠性和用户满意度方面起到了至关重要的作用。自2009年以来，配电网自动化已经作为一种提升生产运维水平、提高供电可靠性的重要技术手段进行推广。然而，在多年的配电网自动化建设和应用中，配电网自动化实用化程度依旧较低，未能完全实现线路故障自愈合，配网自愈建设亟待展开。

4.1 配电网自愈技术模式

配网自愈技术即利用自动化装置或系统，监视配电线路的运行状况，及时发现线路故障，诊断出故障区间并将故障区间隔离，自动恢复对非故障区间的供电。根据实现方法的不同，主要分为集中控制型、主站就地协同型两类。

4.1.1 集中控制型

集中控制型配网自愈模式具备完整的配电网自动化主站、终端及通信通道。通过配电终端与配电主站的双向通信，根据实时采集的配电网和配电设备运行信息及故障信号，由配电主站自动计算或辅以人工方式远程控制开关设备投切，实现配电网运行方式优化、故障快速隔离与供电恢复。

集中控制型适用于配网所有类型线路，能够实现较复杂的保护功能，配电终端与变电站的保护配合之间不需要太多级差。但是馈线故障的隔离和恢复供电严重依赖于通信质量、配电网基础数据质量和主站稳定性等因素，通信的故障和主站的异常都可能导致配电网自愈功能失效。

4.1.2 主站就地协同型

主站就地协同型在配电网发生故障时，不需要配电主站或配电子站控制，通过终端相互通信、保护配合或时序配合等方式，实现故障定位/隔离；配电主站以自动化开关保护信号及开关跳闸信号作为判据，结合一次网架拓扑及负荷分布情况，综合分析最优复电方案，遥控恢复非故障区域供电。

主站就地协同型根据就地馈线自动化的模式可进一步细分为级差保护式、电压-时间/电流时间式、智能分布式三种协同模式。级差保护式主站协同模式由配电终端就地跳闸快速完成下游故障隔离，由主站完成故障上游的故障定位、隔离及非故障区段恢复。电压-时间/电流式主站协同模式由配电终端就地完成故障定位及隔离，由主站完成非故障区段转供复电。智能分布式主站协同模式由配电终端就地完成故障定位、隔离及恢复供电，主站验就地动作正确性，并作为后备保护远程遥控优化故障处理情况。

总体方案：将配电网的故障处置 4 个过程，分别有就地设备和主站系统来负责，即故障定位、故障隔离（上游）由现场的就地自动化设备或保护设备来进行处理，体现其快速隔离的特点，同时可以避免故障点上游负荷的停电发生。主站系统承担故障处理剩余的工作，包括故障下游边界的隔离、非故障停电区域的送电、故障处理后的恢复送电等内容。目前级差保护和电压型馈线自动化混合型的线路，暂不具备开展主站自愈功能的条件，不考虑进行主站就地协同自愈。

自愈过程：配电网自愈的全过程，从一次配电网发生故障，就地设备（包含时间电压型、智能分布式、级差保护式等各类就地终端设备）感知到故障信息，开始处理，同时把故障信息上送到主站系统，主站系统在信息收集后，启动故障处理过程，根据故障动作信号和现场设备动作情况，结合配电网拓扑信息、实时运行方式信息、实时负荷数据等，进行故障定位、隔离和转供电分析，并根据分析结果执行故障下游遥控隔离、供电遥控，完成配电网一次故障处理。

详细过程信息，如图 4-1 所示。

从图 4-1 中可以看到在一次配电网故障处理过程中，三个之间的时序关系和配合关系。其中主站系统侧的"故障定位分析确认"步骤，是直接结合现场设备故障信号、开关分合动作信号等进行定位分析，区别于传统主站集中型仅依赖设备故障信息的故障定位分析；"非故障区域转供分析"，只对故障下游边界的非故障区域进行转供分析，上游已经由就地完成操作。

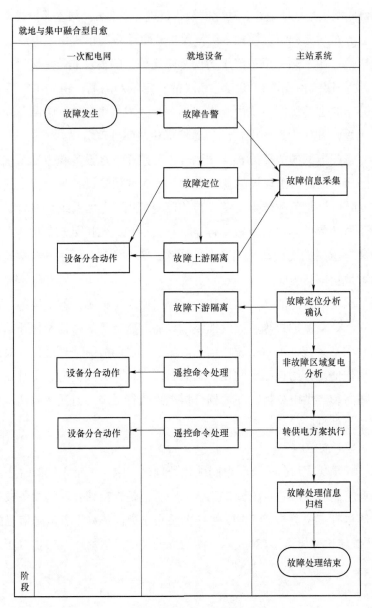

图 4-1　主站就地协同型故障处理流程图

4.2　自愈模式适用范围

配电网自愈模式适用范围见表 4-1。

表 4-1 配网自愈模式对比表

自愈模式	集中控制型	主站就地协同型		
		级差保护	电压电流时间型	智能分布式
网架结构	架空、电缆	架空、电缆	架空、电缆	电缆
通信方式选择	光纤、EPON、无线	无线、光纤	无线、光纤	光纤、EPON
变电站出线断路器重合闸及保护要求	无特殊要求	采用具备过流后加速功能的自动化断路器,只需配置 1 次重合闸	需配置 2 次或 3 次重合闸	速动型智能分布式 FA 要求:需实现保护级差配合
配套开关操动机构要求	电磁机构、弹簧操动机构	弹簧操作机构、永磁机构	弹簧操作机构、永磁机构	弹簧操作机构、永磁机构
定值适应性	定值统一设置,方式调整不需重设	定值需随运行方式调整	接地隔离时间定值与线路相关	定值统一设置,方式调整不需重设
优点	1. 灵活性高,适应性强,适用于各种配电网络结构及运行方式。 2. 开关操作次数少	1. 快速实现下游故障就地隔离。 2. 瞬时故障和永久故障隔离均较快 3. 定值整定简单	1. 不依赖于主站和通信,实现故障就地定位和就地隔离。 2. 瞬时故障和永久故障恢复均较快	1. 快速故障处理,毫秒级定位及隔离,秒级供电恢复。 2. 停电区域小。 3. 定值整定简单
缺点	1. 依赖主站和通信实现故障处理。 2. 故障处理环节较多	1. 变电站出线断路器保护动作时限至少需 0.3s 及以上的延时; 2. 需跟主站配合实现上游故障隔离及非故障区域供电; 3. 复电时间较长; 4. 线路运行方式改变后,需调整终端定值	1. 需要变电站出线断路器配置 2 次或 3 次重合闸。 2. 线路运行方式改变后,需调整终端定值	1. 速动型智能分布式 FA 要求主干线间隔为断路器,变电站出线断路器保护动作时限至少需 0.3s 及以上的延时。 2. 逻辑复杂,运维难度较大。 3. 对通信可靠性、实时性要求高

4.3　典型故障示例

4.3.1　简单线路故障

4.3.1.1　出口故障

1. 典型接线图

出口故障典型接线图如图 4-2 所示。

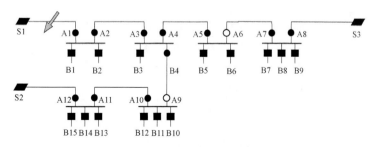

图 4-2　出口故障典型接线图

2. 故障处理

（1）电压电流型协同。

● 故障场景：断路器 S1 跳闸，本线路配网进出线断路器失压分闸；断路器 S1 重合闸，由于合到故障点，断路器 S1 二次跳闸。

● 信号收集：断路器 S1 跳闸及保护动作通过主网 OCS 转发至配网主站；本线路配网断路器分闸及保护动作信号通过配电终端上送到配电主站。

● 就地动作：

故障定位：出线断路器 S1 第一次重合闸失败，判定 S1 与 A1 之间发生故障。

故障隔离：A1 闭锁；配电终端将 A1 闭锁信号上送到配网主站。

上游复电：出线断路器 S1 第一次重合闸失败，不会进行二次重合闸；无上游复电策略。

● 主站动作：

下游复电：调度员根据主站自愈转供策略人工选择方案，并通过遥控合上 A9 或 A6；故障区域下游开关就地逐个有电合闸，完成下游复电。

（2）智能分布式（速动型）。

● 故障场景：断路器 S1 重合闸失败、二次跳闸；断路器 S1 的保护动作；出线断路器跳闸及保护动作信息通过主网 OCS 转发至配网主站。

● 信号收集：断路器 S1 跳闸及保护动作通过主网 OCS 转发至配网主站。

● 就地动作：

故障定位：分布式自愈功能不启动。

故障隔离：就地不动作。

● 主站动作：

故障定位：依靠 S1 动作信息，判定 S1 与 A1 之间发生故障。

故障隔离：遥控断开 A1。

上游复电：无。

下游复电：调度员根据主站自愈转供策略人工选择方案，并通过遥控合上 A9 或 A6。

4.3.1.2 母线故障

1. 典型接线图

母线故障典型接线图如图 4-3 所示。

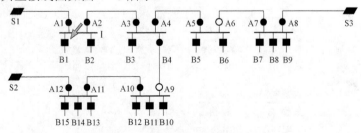

图 4-3 母线故障典型接线图

2. 故障处理

（1）重合器式。

● 故障场景：断路器 S1 跳闸，本线路配网进出线断路器失压分闸；断路器 S1 重合闸，A1 合闸后由于合到故障点，断路器 S1 二次跳闸，造成 A1 再次失压分闸；满足时限要求，A1 分闸后闭锁合闸、A2 感应到残压分闸后闭锁合闸，成功隔离故障区域；断路器 S1 一定时间后二次重合闸成功，成功恢复上游供电。

● 信号收集：断路器 S1 跳闸及保护动作通过主网 OCS 转发至配网主站；本线路配网断路器分闸及保护动作信号、A1、A2 闭锁信号通过配电终端上送到配电主站。

● 就地动作：

故障定位：第一次重合闸至 A1 时导致 S1 再次跳闸，判定 A1 与 A2 之间发生母线故障。

故障隔离：A1 闭锁、A2 闭锁；配电终端将 A1、A2 闭锁信号上送到配网主站。

上游复电：出线断路器 S1 第二次重合闸成功，完成上游复电。

● 主站动作：

下游复电：调度员根据主站自愈转供策略人工选择方案，并通过遥控合上 A9 或 A6；故障区域下游开关就地逐个有电合闸，完成下游复电。

（2）智能分布式（速动型）。

● 故障场景：智能分布式终端检测到故障后断开 A1、A2，并上送 A1 分闸、A2 分闸、A1 保护动作、上游动作、下游动作信号至配网主站。

● 信号收集：A1、A2 分闸及保护动作，上游动作、下游动作。

● 就地动作：

故障定位：根据 A1、A2 互相通信，判定故障区域为 A1 与 A2 之间母线故障。

故障隔离：断开 A1、A2，完成故障隔离，并上送 A1、A2 分闸、上游动作、下游动作信号至配网主站

● 主站动作：

下游复电：根据 A1 分闸及保护启动分析，调度员根据主站自愈转供策略人工选择方案，并通过遥控合上 A9 或 A6。

4.3.1.3　线路故障

1. 典型接线图

线路故障典型接线图如图 4-4 所示。

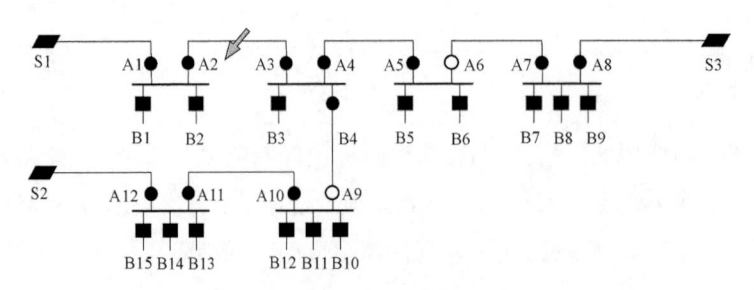

图 4-4　线路故障典型接线图

2. 故障处理

（1）重合器式。

● 故障场景：断路器 S1 跳闸，本线路配网进出线断路器失压分闸；断路器 S1 重合闸，A2 合闸后由于合到故障点，断路器 S1 二次跳闸，造成 A1、A2 再次失压分闸；满足时限要求，A2 闭锁、A3 感应残压闭锁，成功隔离故障区域；断路器 S1 一定时间后二次重合闸成功，成功恢复上游供电。

● 信号收集：断路器 S1 跳闸及保护动作通过主网 OCS 转发至配网主站；本线路配网断路器分闸及保护动作信号、A2 闭锁信号、A3 闭锁信号通过配电终端上送到配电主站。

● 就地动作：

故障定位：第一次重合闸至 A2 时导致 S1 再次跳闸，判定 A2 与 A3 之间发生电缆故障。

故障隔离：A2 闭锁、A3 闭锁；配电终端将 A2、A3 闭锁信号上送到配网主站。

上游复电：出线断路器 S1 第二次重合闸成功，完成上游复电。

● 主站动作：

下游复电：调度员根据主站自愈转供策略人工选择方案，并通过遥控合上 A9 或 A6；故障区域下游断路器就地逐个有电合闸，完成下游复电。

（2）智能分布式（速动型）。

● 故障场景：线路上所有开关均为断路器，智能分布式终端检测到故障后断开 A2、A3，并上送 A1、A2 保护动作、A2 分闸、A3 分闸、上游动作、下游动作信号至配网主站。

● 信号收集：A1、A2 保护动作、A2 分闸、A3 分闸，上游动作、下游动作。

● 就地动作：

故障定位：根据 A2、A3 互相通信，判定故障区域为 A2~A3 间电缆故障。

故障隔离：断开 A2、A3，完成故障隔离，并上送 A2 分闸、A3 分闸、上游动作、下游动作信号至配网主站。

● 主站动作：

下游复电：根据 A2 分闸及保护启动分析，调度员根据主站自愈转供策略人工选择方案，并通过遥控合上 A9 或 A6。

4.3.1.4　负荷故障

1. 典型接线图

负荷故障典型接线图如图 4-5 所示。

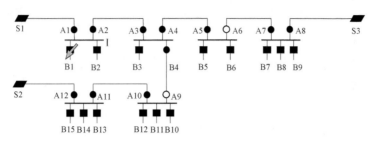

图 4-5　负荷故障典型接线图

2. 故障处理

（1）重合器式。

1）负荷侧断路器配置断路器，保护配置 0s 跳闸。

● 故障场景：B1 0s 跳闸闭锁，上送断路器分闸及保护动作至配网主站。

● 信号收集：B1 分闸及保护动作。

● 就地动作：

故障定位：B1 断路器负荷侧故障。

故障隔离：B1 断路器跳闸闭锁。

上游复电：无。

● 主站动作：

下游复电：无。

2）负荷侧开关配置负荷开关。

● 故障场景：S1 断路器跳闸，本线路所有配网断路器失压分闸；S1 重合闸，B1 合闸后合到故障点，导致 S1 二次跳闸，本线路所有配网断路器再次跳闸；满足时限要求，B1 闭锁，成功隔离故障区域；断路器 S1 一定时间后二次重合闸成功，成功恢复上游供电。

● 信号收集：本线路所有配网断路器分闸及保护动作；B1 闭锁信号；S1 分闸及保护动作、S1 合闸。

● 就地动作：

故障定位：B1 负荷侧故障。

故障隔离：B1 闭锁。

上游复电：S1 二次重合闸成功，实现故障上游复电。

● 主站动作：

下游复电：无。

（2）智能分布式（速动型）。

● 故障场景：智能分布式终端检测到故障后断开 B1，并上送 A1 保护动作、B1 分闸、上游动作信号至配网主站。

● 信号收集：A1、B1 保护动作、B1 分闸，上游动作。

● 就地动作：

故障定位：根据 B1 所在终端内部判定故障区域为 B1 负荷故障。

故障隔离：断开 B1，完成故障隔离，并上送 B1 分闸、上游动作信号至配网主站。

● 主站动作：

下游复电：主站不启动分析，无下游复电策略。

4.3.1.5 末端故障

1. 典型接线图

末端故障典型接线图如图 4-6 所示。

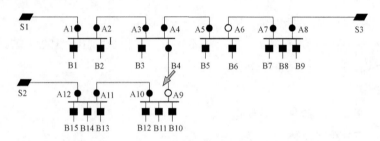

图 4-6 末端故障典型接线图

2. 故障处理

（1）重合器式。

● 故障场景：断路器 S1 跳闸，本线路配网进出线断路器失压分闸；断路器 S1 重合闸，B4 合闸后由于合到故障点，断路器 S1 二次跳闸，造成本线路配网进出线断路器再次失压分闸；满足时限要求，B4 闭锁，成功隔离故障区域；断路器 S1 一定时间后二次重合闸成功，成功恢复上游供电。

● 信号收集：断路器 S1 跳闸及保护动作通过主网 OCS 转发至配网主站；本线路配网断路器分闸及保护动作信号、B4 闭锁信号通过配电终端上送到配电主站。

● 就地动作：

故障定位：第一次重合闸至 B4 时导致 S1 再次跳闸，判定 B4~A9 之间发生电缆故障。

故障隔离：B4 闭锁；配电终端将 B4 闭锁信号上送到配网主站。

上游复电：出线断路器 S1 第二次重合闸成功，完成上游复电。

● 主站动作：

下游复电：无。

（2）智能分布式（速动型）。

● 故障场景：智能分布式终端检测到故障后断开 B4，并上送 B4 保护动作、B4 分闸、上游动作至配网主站。

● 信号收集：B4 保护动作、B4 分闸、上游动作。

● 就地动作：

故障定位：根据 B4 其他终端互相通信，判定故障区域为 B4 末端电缆故障。

故障隔离：断开 B4，完成故障隔离，并上送 B4 保护动作、B4 分闸、上游动作至配网主站。

● 主站动作：

下游复电：主站不启动分析，无下游复电策略。

4.3.2 复杂线路故障

4.3.2.1 本侧多点故障

1. 典型接线图

本侧多点故障典型接线图如图 4-7 所示。

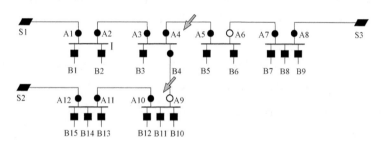

图 4-7 本侧多点故障典型接线图

2. 故障处理

（1）重合器式。

注：B4 开关配置为负荷开关，参与自愈逻辑。

● 故障场景：断路器 S1 跳闸，本线路配网进出线断路器全部失压分闸；断路器 S1 重合闸，A1～A4、B4 依次短延时合闸（A4、B4 一般不会同时合闸，假定 A4 先合闸），A4 合闸后由于合到故障点，断路器 S1 二次跳闸，造成本线路配网进出线断路器全部再次失压分闸；满足时限要求，A4 分闸后闭锁合闸、A5 感应残压也闭锁合闸，成功隔离故障区域 1；断路器 S1 一定时间后二次重合闸成功，A1～A3、B4 依次经短延时合闸，B1～B3 经长延时同时合闸，由于 B4 合闸到故障点，断路器 S1 第三次跳闸，造成 A1～A3、B1～B4 再次失压分闸，满足时限要求，B4 闭锁合闸，A9 感应残压也闭锁合闸，断路器 S1 充电完成后，第三次重合闸成功，A1～A3 依次经短延时合闸，B1～B3 经长延时同时合闸，成功恢复上游供电。

● 信号收集：断路器 S1 跳闸及保护动作通过主网 OCS 转发至配网主站；线路配网分闸信号、A4 闭锁信号、A5 闭锁信号、B4 闭锁信号、A9 闭锁信号通过配电终端上送到配电主站。

● 就地动作：

故障定位：第一次重合闸至 A4 时导致 S1 再次跳闸，判定 A4 与 A5 之间发生电缆故障；第二次重合闸至 B4 时导致 S1 再次跳闸，判定 B4～A9 之间发生电缆故障。

故障隔离：A4 闭锁、A5 闭锁、B4 闭锁、A9 闭锁；配电终端将本线路配网断路器分闸信号、A4、A5、B4、A9 闭锁信号上送到配网主站。

上游复电：断路器 S1 第三次重合闸成功，恢复上游供电。

● 主站动作：

下游复电：调度员根据主站自愈转供策略人工选择方案，并通过遥控合上 A6；A4～A5 间故障区域下游开关就地逐个有电合闸，完成复电。

（2）智能分布式（速动型）。

● 故障场景：智能分布式终端检测到故障后控制 A4、A5、B4 分闸，并上送 A4、A5、B4 保护动作、A4、A5、B4 分闸、上游动作、下游动作信号至配网主站。

● 信号收集：A4、A5、B4 保护动作、A4、A5、B4 分闸，上游动作、下游动作。

● 就地动作：

故障定位：根据 A4、A5 互相通信，判定故障区域为 A4 与 A5 间电缆故障；根据 B4、A9 互相通信，判定故障区域 B4～A9 间电缆故障。

故障隔离：断开 A4、A5、B4，完成故障隔离，并上送 A4、A5、B4 分闸、上游动作、下游动作信号至配网主站。

● 主站动作：

下游复电：根据 A4 分闸及保护启动分析，调度员根据主站自愈转供策略人工选择方案，并通过遥控合上 A6。

4.3.2.2 联络开关故障

1. 典型接线图

联络开关故障典型接线图如图 4-8 所示。

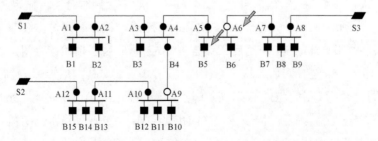

图 4-8 联络开关故障典型接线图

2. 故障处理

（1）重合器式。

● 故障场景：断路器 S1 跳闸，本线路配网进出线断路器全部失压分闸；断路器 S1 重合闸，A1～A5 依次经短延时合闸，A5 合闸后由于合到故障点，断路器 S1 二次跳闸，造成 A1～A5 再次失压分闸；满足时限要求，A5 闭锁、A6 感应残压也闭锁，成功隔离故障区域；断路器 S1 一定时间后二次重合闸成功，A1～A4 经短延时合闸，B1～B4 经长延时同时合闸，成功恢复上游供电。

断路器 S3 跳闸，本线路配网进出线全部失压分闸；断路器 S3 重合闸，A8、A7 依次经短延时合闸，A7 合闸后由于合到故障点，断路器 S3 二次跳闸，造成 A8、A7 再次失压分闸；满足时限要求，A7 闭锁、A6 感应残压也闭锁，成功隔离故障区域；断路器 S3 一定时间后二次重合闸成功，A8 经短延时合闸，B7～B9 经长延时同时合闸，成功恢复上游供电。

● 信号收集：断路器 S1、S3 跳闸及保护动作通过主网 OCS 转发至配网主站；线路配网断路器分闸信号、A5～A7 闭锁信号通过配电终端上送到配电主站。

● 就地动作：

故障定位：断路器 S1 第一次重合闸至 A5 时导致 S1 再次跳闸，判定 A5 与 A6 之间发生母线故障；断路器 S3 第一次重合闸至 A7 时导致 S3 再次跳闸，判定 A6 与 A7 之间发生电缆故障。

故障隔离：A5～A7 闭锁信号；配电终端将本线路配网断路器分闸信号、A5～A7 闭锁信号上送到配网主站。

上游复电：出线断路器 S1、S3 第二次重合闸，分别实现本线路故障区域上游复电。

● 主站动作：

下游复电：由于故障的特殊性，无法实现下游供电恢复。

（2）智能分布式（速动型）。

● 故障场景：智能分布式终端检测到故障后控制 A5 分闸，并上送 A5 分闸、A5 保护动作、上游动作、下游动作信号至配网主站。

智能分布式终端检测到故障后控制 A7 分闸，并上送 A7 保护动作、A7 分闸、上游动作、下游动作信号至配网主站。

● 信号收集：A5、A7 保护动作、A5、A7 分闸，上游动作、下游动作。

● 就地动作：

故障定位：根据 A5、A6 互相通信，判定故障区域为 A5 与 A6 间母线故障；根据 A6、A7 互相通信，判定故障区域 A6 与 A7 间电缆故障。

故障隔离：智能分布式检测终端控制 A5、A7 分闸，完成故障隔离，并上送 A5 分闸、A7 分闸、上游动作、下游动作信号至配网主站。

● 主站动作：

下游复电：由于故障的特殊性，无法实现下游供电恢复。

4.3.2.3 没有转供路径

1. 典型接线图

没有转供路径典型接线图如图4-9所示。

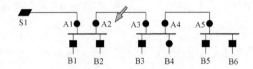

图4-9　没有转供路径典型接线图

2. 故障处理

● 动作信号：断路器 S1 分闸；断路器 S1 的保护动作；A1 保护动作；A2 保护动作。

● 故障处理：

如果就地故障处理正确，则故障处理完全依赖就地处理，主站不参与故障处理。

如果就地故障处理没完成，根据故障信号分析，主站判定故障区域发生在 A2 与 A3 之间；由于此时下游无转供路径，为了尽快进行故障处理，系统设定针对下游无转供路径的故障，只需要对上游区域进行隔离，并对上游区域进行恢复，下游不做操作，此时故障处理策略为断开 A2 隔离故障；合上 S1 恢复上游供电。

4.3.2.4 越级跳

1. 典型接线图

越级跳典型接线图如图4-10所示。

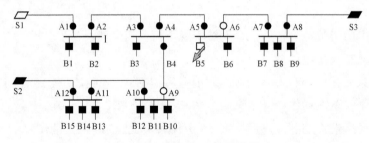

图4-10　越级跳典型接线图

2. 故障处理

（1）重合器式。

● 故障场景：假定负荷侧开关 B5 配置为断路器，配置 0s 保护，由于 B5 本体问题，实际为断路器 S1 先跳闸（随后 B5 跳闸），导致线路配网进出线断路器全部失压分闸，S1 重合闸，A1~A5 经短延时依次合闸，B1~B4 经长延时后同时合闸，成功恢复上游供电。

● 信号收集：断路器 S1 跳闸及保护动作通过主网 OCS 转发至配网主站；线路配网断路器 B5 分闸信通过配电终端上送到配电主站。

● 就地动作：

故障定位：A1～A5、B5 过流动作，判定 B5 下游区域故障。

故障隔离：B5 跳闸；配电终端将本线路配网断路器 B5 分闸信号上送到配网主站。

上游复电：出线断路器 S1 重合闸，实现本线路故障区域上游复电。

● 主站动作：

下游复电：无。

（2）智能分布式（速动型）。

● 故障场景：智能分布式终端检测到故障后，断路器 S1 先跳闸，之后才控制 B5 分闸，终端上送 B5 分闸、B5 保护动作、上游动作、下游动作信号至配网主站，出线断路器跳闸及保护动作信息通过主网 OCS 转发至配网主站。

● 信号收集：

B5、S1 保护动作、B5 分闸、S1 分闸，上游动作、下游动作。

● 就地动作：

故障定位：根据 A5、A6、B5、B6 互相通信，判定故障区域为 B5 下游故障。

故障隔离：断路器 S1 开关越级跳闸，终端控制 B5 分闸，完成故障隔离，终端上送 B5 分闸、B5 保护动作、上游动作、下游动作信号至配网主站，出线断路器跳闸及保护动作信息通过主网 OCS 转发至配网主站。

● 主站动作：

上游复电：判定故障区域为 B5 下游区域故障；由于 B5 已经跳闸，故障区域已经隔离掉，因此给出处理方案：合上断路器 S1 恢复供电。

下游复电：由于故障的特殊性，无法实现下游供电恢复。

4.3.2.5　含分布式电源的复电故障

1. 典型接线图

含分布式电源的复电故障典型接线图如图 4-11 所示。

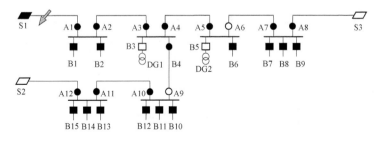

图 4-11　含分布式电源的复电故障典型接线图

图 4-11 中 B3、B5 为分布式的电源并网开关，下游分别接入 DG1 与 DG2 两个分布式电源。正常运行时 B3 与 B5 均处于合状态并网运行，B3 与 B5 配置断路器且 0s 跳闸。

假定 S2、S3 失去供电能力，需要分布式电源参与恢复。假定两个分布式电源的总容量仅能满足 B_2 负荷的供电。

2. 故障处理

● 就地处理：故障隔离、上游复电成功。

● 主站处理：

断开 B1、B2、B4、B6（甩负荷操作）；

合上 B3（区域 1 唯一方案）；

合上 B5（分布式电源逐一启动）；

合上 B2（分布式电源负荷逐一恢复）。

4.3.3 其他故障

4.3.3.1 故障信号不连续

1. 典型接线图

故障信号不连续典型接线图如图 4-12 所示。

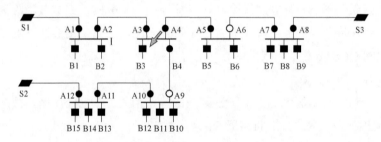

图 4-12 故障信号不连续典型接线图

2. 故障处理

● 动作信号：断路器 S1 分闸；断路器 S1 的保护动作；A1 保护动作；A3 保护动作。

● 故障处理：根据故障信号分析，故障信号不连续，主站根据故障信号仍可判定故障区域为定 A3~A4~B4 区域故障，得到完整策略为断开 A3、A4、B4 隔离故障，合上 A6 和 A9 恢复下游供电，合上 S1 恢复上游供电；根据就地动作情况，实时更新上述策略，得到下游复电方案。

4.3.3.2 重合器型就地闭锁失败

当就地隔离故障失败、需要通过主站遥控隔离故障。

1. 典型接线图

重合器就地闭锁失败典型接线图如图 4-13 所示。

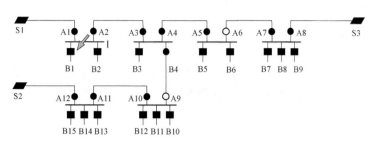

图 4-13　重合器就地闭锁失败典型接线图

2. 故障处理

● 故障场景：断路器 S1 开关跳闸，导致线路配网进出线断路器全部失压分闸；S1 重合闸，A1 合闸后由于合到故障点，断路器 S1 再次跳闸，导致线路配网进出线断路器全部再次失压分闸；满足时限要求，A1 闭锁成功、A2 由于装置问题闭锁失败，断路器 S1 第二次重合闸成功，成功恢复上游供电。

● 信号收集：断路器 S1 跳闸及保护动作通过主网 OCS 转发至配网主站；线路配网断路器分闸信号、A1 闭锁信号通过配电终端上送到配电主站。

● 就地动作：

故障定位：判定 A1 与 A2 之间区域母线故障。

故障隔离：A1 闭锁；配电终端将本线路配网 A1 闭锁信号上送到配网主站。

上游复电：出线断路器 S1 第二次重合闸，实现本线路故障区域上游复电。

● 主站动作：

故障隔离：控制 A2 辅助节点，实现 A2 闭锁，隔离故障区域。

下游复电：调度员根据主站自愈转供策略人工选择方案，并通过遥控合上 A9 或 A6；故障区域下游断路器就地逐个有电合闸，完成下游复电。

4.3.3.3　扩大隔离范围（主站集中型）

当就地隔离故障失败且主站遥控隔离故障也失败时，需要通过主站扩大隔离范围，确保隔离故障和最大范围恢复非故障区域的供电。

1. 典型接线图

扩大隔离范围典型接线图如图 4-14 所示。

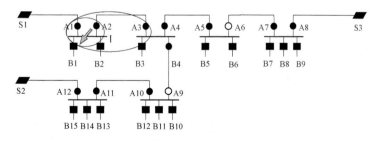

图 4-14　扩大隔离范围典型接线图

2. 故障处理

（1）重合器式。

● 故障场景：断路器 S1 跳闸，导致线路配网进出线断路器全部失压分闸；S1 重合闸，A1 合闸后由于合到故障点，断路器 S1 再次跳闸，导致线路配网进出线断路器全部再次失压分闸；满足时限要求，A1 闭锁成功、A2 由于装置问题闭锁失败，断路器 S1 第二次重合闸成功，成功恢复上游供电。

● 信号收集：断路器 S1 开关跳闸及保护动作通过主网 OCS 转发至配网主站；线路配网断路器分闸信号、A1 闭锁信号通过配电终端上送到配电主站。

● 就地动作：

故障定位：判定 A1 与 A2 之间区域母线故障。

故障隔离：A1 闭锁；配电终端将本线路配网开关 A1 闭锁信号上送到配网主站。

上游复电：出线断路器 S1 第二次重合闸，实现本线路故障区域上游复电。

● 主站动作：

故障隔离：A2 辅助节点遥控失败，扩大隔离范围，遥控 A3 辅助节点，实现 A3 闭锁。

下游复电：调度员根据主站自愈转供策略人工选择方案，并通过遥控合上 A9 或 A6；故障区域下游开关就地逐个有电合闸，完成下游复电。

（2）智能分布式（速动型）。

● 故障场景：

智能分布式终端检测到故障后，成功断开 A1，控制 A2 分闸失败。

● 信号收集：

A1 分闸及保护动作、上游动作。

● 就地动作：

故障定位：根据 A1 所在终端判定故障区域为 A1 与 A2 之间母线故障。

故障隔离：A1 控分成功、A2 控分失败。

● 主站动作：

故障隔离：主站控分 A2 失败、扩大隔离范围，控制 A3 成功，成功隔离故障区域。

下游复电：调度员根据主站自愈转供策略人工选择方案，并通过遥控合上 A9 或 A6；故障区域下游断路器就地逐个有电合闸，完成下游复电。

4.3.3.4 转供电源容量不足

1. 典型接线图

转供电源容量不足典型接线图如图 4-15 所示。

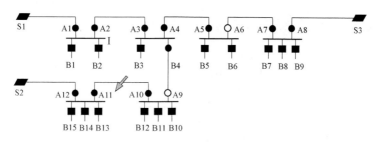

图4-15　转供电源容量不足典型接线图

2. 故障处理

● 就地处理：就地隔离、上游复电完成。

● 主站处理：合上 A9 恢复下游负荷供电，如果此时可转供容量小于非故障区域需转供负荷量即 B12+B11+B10，需要甩去部分负荷，甩负荷具体策略根据甩负荷原则配置参数生成。

4.3.4　级差保护故障示例

4.3.4.1　主干线故障

1. 典型接线图

主干线故障典型接线图如图4-16所示。

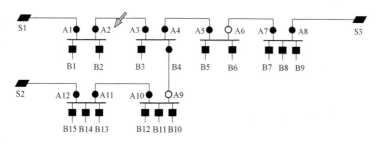

图4-16　主干线故障典型接线图

2. 故障处理

● 故障场景：红色边框断路器投入了保护跳闸功能的断路器，其他开关为具备遥控功能的自动化开关，但未投入保护跳闸功能。

故障点在 A2 与 A3 之间，断路器 A2 检测到过流，保护直接跳开断路器 A2。

● 信号收集：断路器 S1 发生过流告警信号通过主网 OCS 转发至配网主站；A1 过流告警；断路器 A2 跳闸、A2 保护动作信号；A3 及后段开关无过流类告警信号发生。

● 就地动作：A2 跳闸，A2 前段线路带电，A2 后段线路失电。

● 主站动作：

故障上游隔离：就地已隔离，无需操作。

故障下游隔离：调度员根据主站自愈给出的策略，通过遥控断开 A3。

上游复电：无需操作。

下游复电：调度员根据主站自愈给出的策略，通过遥控合上 A6 或 A9。

4.3.4.2　负荷馈线故障

1. 典型接线图

负荷馈线故障典型接线图如图 4－17 所示。

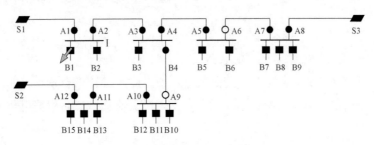

图 4－17　负荷馈线故障典型接线图

2. 故障处理

● 故障场景：红色边框开关投入了保护跳闸功能的断路器，其他开关为具备遥控功能的自动化开关，但未投入保护跳闸功能。

故障点在负荷侧 B3，A2 断路器检测到过流，保护直接跳开 A2 断路器。

● 信号收集：断路器 S1 发生过流告警信号通过主网 OCS 转发至配网主站；A1 过流告警；断路器 A2 跳闸、A2 保护动作信号；A3 过流告警；B3 过流告警；A4、B4 及后段断路器无过流类告警信号发生。

● 就地动作：

A2 跳闸，A2 前段线路带电，A2 后段线路失电。

● 主站动作：

故障上游隔离：断开 B3 隔离故障。

故障下游隔离：无需。

故障上游恢复：合上 A2 恢复上游供电。

下游恢复：无需。

4.3.5　主站集中型故障示例

4.3.5.1　断路器出口故障

1. 典型接线图

断路器出口故障典型接线图如图 4－18 所示。

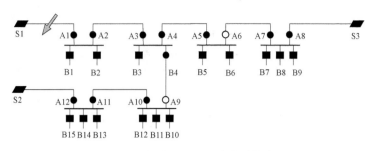

图 4-18　断路器出口故障典型接线图

2. 故障处理

动作信号：

断路器 S1 分闸；

断路器 S1 的保护动作。

根据动作信号可判定 S1 与 A1 之间区域发生故障，即出口断路器 S1 故障，断开 A1 完成故障区域隔离，合上 A9 或者 A6 恢复故障下游。

4.3.5.2　母线故障

1. 典型接线图

母线故障典型接线图如图 4-19 所示。

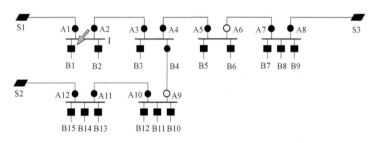

图 4-19　母线故障典型接线图

2. 故障处理

动作信号：

断路器 S1 分闸；

断路器 S1 的保护动作；

A1 保护动作。

根据动作信号，可判定 A1 与 A2 之间区域发生故障，即母线 I 故障，断开 A1、A2 隔离故障区域，合上 A9 或者 A6 恢复故障下游供电，合上断路器 S1 恢复上游供电。

4.3.5.3　线路中段故障

1. 典型接线图

线路中段故障典型接线图如图 4-20 所示。

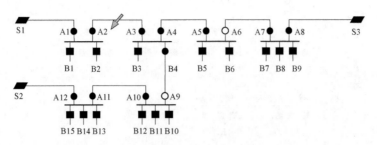

图 4-20 线路中段故障典型接线图

2. 故障处理

动作信号：

断路器 S1 开关分闸；

断路器 S1 的保护动作；

A1 保护动作；

A2 保护动作。

根据动作信号，可判定 A2 与 A3 区域故障，即配电房之间线路故障，断开 A2、A3 隔离故障区域，合上 A9 或者 A6 恢复下游供电，合上断路器 S1 恢复上游供电。

4.3.5.4 负荷侧故障

1. 典型接线图

负荷侧故障典型接线图如图 4-21 所示。

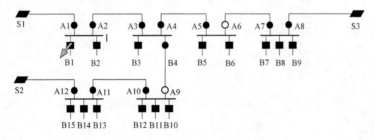

图 4-21 负荷侧故障典型接线图

2. 故障处理

动作信号：

断路器 S1 分闸；

断路器 S1 的保护动作；

A1 保护动作；

B1 保护动作。

根据故障信号，可判定 B1 下游区域故障，即负荷侧故障，断开 B1 隔离故障，合上断路器 S1 恢复上游供电。

4.3.5.5 复杂故障处理方案

如果环网具有多电源（大于 2），或虽是双电源供电，但不满足 $N-1$ 原则，系统将进一步按复杂故障处理模式进行处理。针对故障电流信号不连续故障、一侧多点故障、一侧及对侧同时故障、开关不可控需要扩大范围的故障、负荷不能全部被转供需要甩负荷、负荷拆分的故障、联络开关处故障都属于复杂故障。下面选取 3 个复杂故障例子分别对其故障处理过程做介绍（A 为环进、环出开关，B 为至负荷侧开关，假设全部开关均实现三遥）。

4.3.5.6 故障电流信号不连续故障

1. 典型接线图

故障电流信号不连续故障典型接线图如图 4-22 所示。

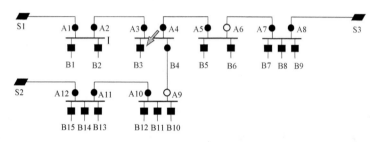

图 4-22 故障电流信号

2. 故障处理

动作信号：

断路器 S1 分闸；

断路器 S1 的保护动作；

A1 保护动作；

A3 保护动作。

根据故障信号分析，故障信号不连续，但是根据故障信号仍可判定故障区域为定 A3～A4～B4 区域故障，断开 A3、A4、B4 隔离故障，合上 A6 和 A9 恢复下游供电，合上断路器 S1 恢复上游供电。

4.3.5.7 一侧多点故障

1. 典型接线图

一侧多点故障典型接线图如图 4-23 所示。

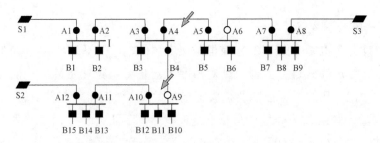

图 4-23　一侧多点故障典型接线图

2. 故障处理

动作信号：

断路器 S1 开关分闸；

断路器 S1 的保护动作；

A1 保护动作；

A2 保护动作；

A3 保护动作；

A4 保护动作；

B4 保护动作。

根据动作信号分析，故障区域大于一处，根据故障信号断定，可判定 A4～A5 和 B4 下游区域故障，断开 A4、A5、B4 隔离故障，合上 A6 恢复下游供电，合上断路器 S1 恢复上游供电。

4.3.5.8　扩大隔离范围

直接根据过流保护（或故障指示器）确定的故障区域是故障隔离最小区域，因为种种要求，故障隔离区域还可能需要被扩大。

1. 典型接线图

扩大隔离范围的典型接线图如图 4-24 所示。

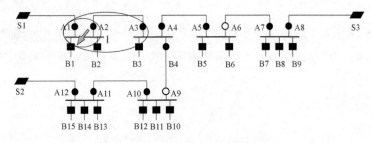

图 4-24　扩大隔离范围典型接线图

2. 故障处理

断路器 S1 跳闸，A1 有故障电流，判定故障区域为 A1～A2 之间，如果开关 A2 不可遥控，故障区域就由 A1～A2 自动扩大为下一个可控的开关即 A1～A3，如图 4–24 所示。所以断开 A3、A1 隔离故障，合上 A6 或者 A9 恢复下游供电，合上断路器 S1 恢复上游供电。

4.4　终端互操检测

测试分类项目的技术要求的测试方法及预期结果见表 4–2。

表 4–2　　　　　　　　　测试分类项目的技术要求的测试方法及预期结果

序号	测试分类	测试项目	技术要求	测试方法	预期结果
1	信息模型要求	总体建模原则	物理设备（IED）建模：一个物理设备即一个 IED，应建模为一个装置对象。该对象是一个容器，应包含服务器（Server）对象，服务器对象中应包含至少一个逻辑设备（LD）对象。一个 IED 包含一个 LPHD 逻辑节点，在 LD0 中。 装置模型 ICD 文件中 IED 名应为"TEMPLATE"。实际系统中的 IED 名由系统配置工具统一配置	（1）运行智能分布式通信协议测试软件，单击"文件"菜单选择"打开模型文件"命令，装载 IEC 61850 模型文件。 （2）单击模型检测工具"操作"菜单，选择"预定义规则检测"命令	（1）IED 对象正常时，检查软件输出窗口，应没有如下错误告警。 模型预定义规则检测结束，致命错误：0 条，错误：0 条，告警：0 条，其他：0，共计 0 条信息。 （2）IED 对象不符合规范时，检查软件输出窗口应有如下相应的错误告警。 没有任何 LD 时： 错误：no LD0 没有任何 LPHD 时： 错误：no LPHD IED 名称不是 TEMPLATE 时： 错误：IED name err
2			服务器（Server）建模：服务器描述一个设备外部可见（可访问）的行为，每个服务器应有一个访问点。访问点体现通信服务，与具体物理网络无关。一个访问点可以支持多个物理网口。无论物理网口是否合一，具体映射通信服务与 GOOSE 服务应统一访问点建模。所有访问点，应在同一个 ICD 文件中体现	（1）运行智能分布式通信协议测试软件，单击"文件"菜单选择"打开模型文件"命令，装载 IEC 61850 模型文件。 （2）单击模型检测工具"操作"菜单，选择"预定义规则检测"命令	（1）Server 对象正常时，检查软件输出窗口，应没有如下错误告警。 模型预定义规则检测结束，致命错误：0 条，错误：0 条，告警：0 条，其他：0，共计 0 条信息。 （2）Server 对象缺少 AccessPoint 对象时，检查软件输出窗口，应有如下错误告警： 错误：no AccessPoint
3			逻辑设备（LD）建模：逻辑设备建模原则，应把某些具有公用特性的逻辑节点组合成一个逻辑设备。LD 不宜划分过多。SGCB 控制的数据对象不应跨 LD，数据集包含的数据对象不应跨 LD。 保护 GOOSE：inst 名"PIGO" 若装置中同一类型的 LD 超过一个可通过添加两位数字尾缀，如 PROT01、PROT02	（1）行智能分布式通信协议测试软件，单击"文件"菜单选择"打开模型文件"命令，装载 IEC 61850 模型文件。 （2）单击模型检测工具"操作"菜单，选择"预定义规则检测"命令	（1）LD 使用标准的名称时，检查软件输出窗口，应没有如下错误告警。 模型预定义规则检测结束，致命错误：0 条，错误：0 条，告警：0 条，其他：0，共计 0 条信息。 （2）LD 名称不符合规定时，检查输出窗口，应有如下错误告警： 错误：LD name err

序号	测试分类	测试项目	技术要求	测试方法	预期结果
4			逻辑节点（LN）建模：需要通信的每个最小功能单元应建模为一个逻辑节点对象，属于同一功能对象的数据和数据属性应放在同一个 LN 对象中，若标准的 LN 类不满足功能对象的要求，可进行 LN 类扩展或者新建 LN 类。原则上应优先采用标准已明确定义的、专用的 LN，不宜采用通用 LN。 LN 类的数据对象扩充应遵循 DL/T 860 系列标准工程实施技术规范。 没有定义或不是 IED 自身完成的最小功能单元应选用通用 LN 模型（GGIO 或 GAPC）	（1）运行智能分布式通信协议测试软件，单击"文件"菜单选择"打开模型文件"命令，装载 IEC 61850 模型文件。 （2）单击模型检测工具"操作"菜单，选择"类型模板检测"命令	（1）LN 符合规范时，检查输出窗口，应没有如下错误告警。 模型预定义规则检测结束，致命错误：0 条，错误：0 条，告警：0 条，其他：0 条信息。 （2）LN 不符合标准规范时，检查输出窗口，应有相应的错误告警，如缺少必选 DO。 错误：行号 3230，err：in id KH_LLN0_DASaaa LNodeType there is no mandatory name Loc DO
5	信息模型要求	总体建模原则	逻辑节点类型定义： a）新增 LN 类的名称首字母应符合 DL/T 860 所规定的逻辑节点组相关前缀的规定，LN 类的名称的其他字母应与功能英文名称有关。 b）新建 LN 类的名称不可与 DL/T 860 中已存在的 LN 类名称冲突，应符合 DL/T 860 命名空间的要求。 c）其他逻辑节点类参照 DL/T 860.74。 d）各制造厂商实例化的自定义逻辑节点类型的名称宜增加"厂商名称_装置型号_模版版本_"前缀，厂商应确保其装置在不同型号、不同时期的模型版本不冲突	（1）运行智能分布式通信协议测试软件，单击"文件"菜单选择"打开模型文件"命令，装载 IEC 61850 模型文件。 （2）单击模型检测工具"操作"菜单，选择"类型模板检测"命令	1. 扩展 LN 符合规范时，检查输出窗口，应没有如下错误告警。 模型预定义规则检测结束，致命错误：0 条，错误：0 条，告警：0 条，其他：0，共计 0 条信息
6			数据对象类型定义： a）装置使用的数据对象类型应遵照 DL/T 860.73。 b）各制造厂商需扩充时命名宜增加"厂商名称_装置型号_模版版本_"前缀，厂商应确保其装置在不同型号、不同时期的模型版本不冲突	（1）运行智能分布式通信协议测试软件，单击"文件"菜单选择"打开模型文件"命令，装载 IEC 61850 模型文件。 （2）单击模型检测工具"操作"菜单，选择"类型模板检测"命令	（1）数据对象类型正确时，检查输出窗口，应没有如下错误告警。 模型预定义规则检测结束，致命错误：0 条，错误：0 条，告警：0 条，其他：0，共计 0 条信息。 （2）数据对象类型不符合规范时，检查输出窗口，应有如下错误告警。 装置使用了错误的数据对象类型时： 错误：行号 3231，err：in id KH_LLN0_DASaaa LNodeType name Mod type corresponding cdc is wrong
7			数据属性类型定义： a）公用数据属性类型不应扩充。 b）保护测控功能用的数据属性类型按 DL/T 860.73，不宜自定义。 c）各制造厂商需扩充时命名宜增加"厂商名称_装置型号_模版版本_"前缀，厂商应确保其装置在不同型号、不同时期的模型版本不冲突	（1）运行智能分布式通信协议测试软件，单击"文件"菜单选择"打开模型文件"命令，装载 IEC 61850 模型文件。 （2）单击模型检测工具"操作"菜单，选择"类型模板检测"命令	（1）数据属性类型正确时，检查输出窗口，应没有如下错误告警。 模型预定义规则检测结束，致命错误：0 条，错误：0 条，告警：0 条，其他：0，共计 0 条信息。 （2）数据属性类型不符合规范时，检查输出窗口，应有如下错误告警。 公用数据属性类型被扩充时 错误：××× DOType there is extend

序号	测试分类	测试项目	技术要求	测试方法	预期结果
8		LN实例建模	a）分相断路器和互感器建模应分相建立不同的实例。 b）同一种保护的不同段分别建立不同实例，如零序过流保护等。 c）同一种保护的不同测量方式分别建立不同实例，如相过流PTOC 和零序过流 PTOC 等。 d）标准已定义的报警使用模型中的信号，其他的统一在 GGIO 中扩充；告警信号用 GGIO 的 Alm 上送，普通遥信信号用 GGIO 的 Ind 上送。 e）故障指示及处理采用 IEC 61850－90－6 规定的 LN 建模	（1）运行智能分布式通信协议测试软件，单击"文件"菜单选择"打开模型文件"命令，装载 IEC 61850 模型文件。 （2）单击模型检测工具"操作"菜单，选择"预定义规则检测"命令	LN 建模符合规范时，检查输出窗口，应没有如下错误告警。 模型预定义规则检测结束，致命错误：0 条，错误：0 条，告警：0 条，其他：0，共计 0 条信息
9	信息模型要求		a）有多个 LN 实例，应按增加阿拉伯数字后缀的方式扩充。 b）一个 LN 中的 DO 如果需要重复使用时，应按增加阿拉伯数字后缀的方式扩充。 c）GGIO 通用输入输出逻辑节点，扩充 DO 应按 Ind1，Ind2，Ind3…；Alm1，Alm2，Alm3；的标准方式实现	（1）运行智能分布式通信协议测试软件，单击"文件"菜单选择"打开模型文件"命令，装载 IEC 61850 模型文件。 （2）单击模型检测工具"操作"菜单，选择"预定义规则检测"命令	（1）LN 和 DO 的实例名称符合规范时，检查输出窗口，应没有如下错误告警。 模型预定义规则检测结束，致命错误：0 条，错误：0 条，告警：0 条，其他：0，共计 0 条信息
10		模型GOOSE建模	GOOSE 在 ICD 模型文件中必须定义 GOOSE 访问点（通信参数，APPID 可根据实际配置修改后变为 CID 配置文件的具体 APPID）。GOOSE 在 ICD 模型文件里仅有 GOOSE 发送配置，配电终端装置需在其 ICD 文件的 GOOSE 数据集中预先配置满足工程需要的 GOOSE 输出信号	（1）运行智能分布式通信协议测试软件，单击"文件"菜单选择"打开模型文件"命令，装载 IEC 61850 模型文件。 （2）单击模型检测工具"操作"菜单，选择"预定义规则检测"命令	（1）模型文件中存在 GOOSE 访问点时，检查输出窗口，应没有如下错误告警。 模型预定义规则检测结束，致命错误：0 条，错误：0 条，告警：0 条，其他：0，共计 0 条信息。 （2）模型文件中不存在 GOOSE 访问点时，检查输出窗口，应有如下错误告警。 错误：no GOOSE ConnectedAP
11			配电终端以数据集为单位发送信息，发送 GOOSE 数据集必须配置相应的 GOOSE 控制块，在相应 LD 的 LN0 中定义 GOOSE 数据集的 GOOSE 控制块用来发送的 GOOSE 信号（FCDA）。GOOSE 配置（CID）根据实际情况配置后的终端模型文件 CID 中需要完整保留 ICD 中所有的 GOOSE 信息	（1）运行智能分布式通信协议测试软件，单击"文件"菜单选择"打开模型文件"命令，装载 IEC 61850 模型文件。 （2）单击模型检测工具"操作"菜单，选择"预定义规则检测"命令	（1）模型文件中相应 LD 的 LN0 存在 GOOSE 控制块时，检查输出窗口，应没有如下错误告警。 模型预定义规则检测结束，致命错误：0 条，错误：0 条，告警：0 条，其他：0，共计 0 条信息。 （2）LN0 中不存在 GOOSE 控制块时，检查输出窗口，应有如下错误告警。 错误：no GoCB

序号	测试分类	测试项目	技术要求	测试方法	预期结果
12	信息模型要求	分类装置模型	FTU（智能分布式）模型应包含规范中要求的全部逻辑节点，其中标注 M 的为必选、标注 O 的为根据实现可选	（1）运行智能分布式通信协议测试软件，单击"文件"菜单选择"打开模型文件"命令，装载 IEC 61850 模型文件。 （2）单击模型检测工具"操作"菜单，选择"预定义规则检测"命令	（1）FTU 模型中包含规范中要求的全部逻辑节点时，检查输出窗口，应没有如下错误告警。 模型预定义规则检测结束，致命错误：0 条，错误：0 条，告警：0 条，其他：0，共计 0 条信息。 （2）FTU 模型中缺少规范中必需的逻辑节点时，应有如下对应的错误告警。 错误：no TCTR 错误：no LLN0 错误：no MMXU 错误：no XSWI 错误：no CSWI 错误：no PTOC 错误：no SCPI 错误：no SVPI 错误：no SFPI 错误：no AFSL 错误：no AFSI 错误：no ASRC
13			DTU（智能分布式）模型应包含规范中要求的全部逻辑节点，其中标注 M 的为必选、标注 O 的为根据实现可选	（1）运行智能分布式通信协议测试软件，单击"文件"菜单选择"打开模型文件"命令，装载 IEC 61850 模型文件。 （2）单击模型检测工具"操作"菜单，选择"预定义规则检测"命令	（1）DTU 模型中包含规范中要求的全部逻辑节点时，检查输出窗口，应没有如下错误告警。 模型预定义规则检测结束，致命错误：0 条，错误：0 条，告警：0 条，其他：0，共计 0 条信息。 （2）DTU 模型中缺少规范中必需的逻辑节点时，检查输出窗口，应有如下对应的错误告警。 错误：no TCTR 错误：no LLN0 错误：no MMXU 错误：no XSWI 错误：no CSWI 错误：no PTOC 错误：no SCPI 错误：no SVPI 错误：no SFPI 错误：no AFSL 错误：no AFSI 错误：no ASRC
14	配置流程要求	ICD 文件基本要求	ICD 文件应包含模型自描述信息。如 LD 和 LN 实例应包含中文"desc"属性，实例化的 DOI 应包含中文"desc"和 dU 赋值	（1）运行智能分布式通信协议测试软件，单击"文件"菜单选择"打开模型文件"命令，装载 IEC 61850 模型文件。 （2）单击模型检测工具"操作"菜单，选择"类型模板检测"命令	（1）LD 和 LN 实例对象包含 desc 和 dU 时，检查输出窗口，应没有如下错误告警。 模型预定义规则检测结束，致命错误：0 条，错误：0 条，告警：0 条，其他：0，共计 0 条信息。 （2）LD 和 LN 实例对象缺少 desc 和 dU 属性时，检查输出窗口，应有对应的错误告警。 缺少 dU 属性时： 错误：行号 xx，err: in id xx DOType there is no mandatory name dU DA 缺少 desc 描述时： 错误：no desc

续表

序号	测试分类	测试项目	技术要求	测试方法	预期结果
15	配置流程要求	ICD文件基本要求	ICD 文件应按照工程远景规模配置实例化的 DOI 元素。ICD 文件中数据对象实例 DOI 应包含中文的 "desc" 描述和 dU 属性赋值，两者应一致并能完整表达该数据对象具体意义	（1）运行智能分布式通信协议测试软件，单击 "文件" 菜单选择 "打开模型文件" 命令，装载 IEC 61850 模型文件。（2）单击模型检测工具 "操作" 菜单，选择"类型模板检测"命令	（1）数据对象实例包含 desc 和 dU 时，检查输出窗口，应没有如下错误告警。模型预定义规则检测结束，致命错误：0 条，错误：0 条，告警：0 条，其他：0，共计 0 条信息。（2）数据对象实例缺少 desc 和 dU 属性时，检查输出窗口，应有对应的错误告警。缺少 dU 属性时：错误：行号 xx，err：in id xx DOType there is no mandatory name dU DA 缺少 desc 描述时：错误：no desc
16			ICD 文件应明确包含制造商（manufacturer）、型号（type）、配置版本（configVersion）等信息，增加 "铭牌" 等信息	（1）运行智能分布式通信协议测试软件，单击 "文件" 菜单选择 "打开模型文件" 命令，装载 IEC 61850 模型文件。（2）单击模型检测工具 "操作" 菜单，选择 "预定义规则检测" 命令	（1）IED 标签中包含 manufacturer、type、configVersion、铭牌等信息时，检查输出窗口，应没有如下错误告警。模型预定义规则检测结束，致命错误：0 条，错误：0 条，告警：0 条，其他：0，共计 0 条信息。（2）IED 标签中缺少 manufacturer、type、configVersion、铭牌信息时，检查输出窗口，应有对应的错误告警：缺少 manufacturer 时：错误：no manufacturer 缺少 type 时：错误：no type 缺少 configVersion 时：错误：no configVersion 缺少铭牌时：错误：no 铭牌
17		IED配置	系统配置工具导入 ICD 文件时不应修改 ICD 文件模型实例的任何参数	打开 GOOSE 模型的 SCD 配置工具，检查配置工具是否符合要求	系统配置工具可以导入 ICD 文件且不影响模型实例参数
18			系统配置工具导入 ICD 文件时应能检测模版冲突	打开 GOOSE 模型的 SCD 配置工具，检查配置工具是否符合要求	系统配置工具可以导入 ICD 文件且不影响模板
19			系统配置工具导入 ICD 文件时保留厂家私有命名空间及其元素	打开 GOOSE 模型的 SCD 配置工具，检查配置工具是否符合要求	
20			系统配置工具应支持数据集及其成员配置	打开 GOOSE 模型的 SCD 配置工具，检查配置工具是否符合要求	
21			系统配置工具应支持 GOOSE 控制块、采样值控制块等参数配置	打开 GOOSE 模型的 SCD 配置工具，检查配置工具是否符合要求	

序号	测试分类	测试项目	技术要求	测试方法	预期结果
22	配置流程要求	IED配置	系统配置工具应支持 GOOSE 和 SV 虚端子配置，接收虚端子的逻辑节点的类型宜支持 TCTR、TVTR、XCBR、XSWI	打开 GOOSE 模型的 SCD 配置工具，检查配置工具是否符合要求	
23			系统配置工具应支持 ICD 文件中功能约束为 CF 和 DC 的实例化数据属性值配置	打开 GOOSE 模型的 SCD 配置工具，检查配置工具是否符合要求	
24		文件版本管理功能	a）系统配置工具应在保存文件时提示用户保存详细配置历史记录并自动保存	打开 GOOSE 模型的 SCD 配置工具，检查配置工具是否符合要求	
25			b）系统配置工具应能自动生成 SCD 文件版本（version）、SCD 文件修订版本（revision）和生成时间（when），修改人（who）、修改什么（what）和修改原因（why）可由用户填写。文件版本从 1.0 开始，当文件增加了新的 IED 或某个 IED 模型实例升级时，以步长 0.1 向上累加；文件修订版本从 1.0 开始，当文件做了通信配置、参数、描述修改时，以步长 0.1 向上累加，文件版本增加时，文件修订版本清零	打开 GOOSE 模型的 SCD 配置工具，检查配置工具是否符合要求	
26			IED 配置工具配置完成后应支持从 SCD 文件自动导出相关 CID 文件	打开 GOOSE 模型的 SCD 配置工具，检查配置工具是否符合要求	
27		装置下装	IED 配置文件下装工具操作应简单、可靠，宜从站控层通信接口下装所有配置文件	打开 GOOSE 模型的 SCD 配置工具，检查配置工具是否符合要求	
28			CID 文件下装时装置应采取确认机制防止误下装	打开 GOOSE 模型的 SCD 配置工具，检查配置工具是否符合要求	
29			配置工具、配置文件、配置流程应符合 DL/T 860 系列标准工程实施技术规范	打开 GOOSE 模型的 SCD 配置工具，检查配置工具是否符合要求	
30		智能分布式终端配置流程	系统配置工具，导入馈线各终端 ICD 模型信息；根据馈线实际静态拓扑关系，配置出相应的 SCD 模型信息	打开 GOOSE 模型的 SCD 配置工具，检查配置工具是否符合要求	

序号	测试分类	测试项目	技术要求	测试方法	预期结果
31	基于 GOOSE 的终端间对等通信机制	GOOSE 发送机制	当一个事件发生时，GOOSE 立即用广播方式发送一遍数据集中的信息，之后以时间间隔 T_1 将该信息连续发送两遍，以后再以时间间隔 T_2 发第三遍，以时间间隔 T_3 发第四遍，如此一直持续下去。当时间间隔 $T_i \geq T_0$ 时就改用稳定的时间间隔 T_0 进行持续循环发送，直到下次事件的发生。时间间隔 $T_i = 2i \times S$，$S = 1\text{ms}$（可根据需要调整），T_0 通常设定为 5s（可根据需要调整）。以间隔 T_0 发送的报文相当于 GOOSE 发送方的心跳报文，当接收方持续在 $2T_{al}$（报文允许生存时间，Time alow to live，$T_{al} = 2T_0$）的时间间隔内没有收到心跳报文时，就发 GOOSE 中断告警信号	（1）把电脑和装置连接到同一局域网络。（2）电脑端运行智能分布式通信协议测试软件，装置端运行分布式 FA 程序。（3）配置装置端 GOOSEOUT 参数和软件端 GOOSEIN 参数。（4）单击测试软件工具栏的"启/停 GOOSE 收发模块"按钮，启用 GOOSE 通信功能。（5）单击"操作"菜单，选择"GooseIn 数据"命令，在 GooseIn 数据页面中选中模拟接收的 GOOSE 数据集，单击"模拟接收"命令。（6）在装置端触发遥信变位，使装置发送 GOOSE 广播	（1）装置 GOOSE 发送机制符合规范时：a）软件能收到装置发出的 GOOSE 报文。b）每次接收到的报文除 SqNum 和时标外其他内容相同。b）接收到报文的时间与规范要求的时间相符合 GOOSE 发送机制不符合规范时，可能出现如下情况：a）软件没有收到 GOOSE 报文。b）接收到报文的时间与规范要求的时间不匹配
32			在 GOOSE 发送机制中，有 2 个重要参数 StNum 和 SqNum，StNum（0～4294967295）反映出 GOOSE 报文中数据值与上一帧报文数据值是否有变化，SqNum（0～4294967295）反映相互在无变化时间情况下，GOOSE 报文发送的次数。在相关测试中，应注意相关装置上电后，第 1 帧报文中 StNum=1，SqNum=1。GOOSE 事件变位时，对应 StNum 值自动加 1，同时 SqNum 归 0；GOOSE 事件没变位时，StNum 值保持不变，装置每发送一次 GOOSE 报文后，SqNum 值加 1（到最大值后自动归 0 重新开始计数）。同时，还需注意 GOOSE 报文心跳间隔和补发时间间隔应该满足 IEC 61850 工程继电保护应用模型等相关标准中的规定	（1）把电脑和装置连接到同一局域网络。（2）电脑端运行智能分布式通信协议测试软件，装置端运行分布式 FA 程序。（3）配置装置端 GOOSEOUT 参数和软件端 GOOSEIN 参数。（4）单击测试软件工具栏的"启/停 GOOSE 收发模块"按钮，启用 GOOSE 通信功能。（5）单击"操作"菜单，选择"GooseIn 数据"命令，在 GooseIn 数据页面中选中模拟接收的 GOOSE 数据集，单击"模拟接收"命令。（6）在装置端触发遥信变位，使装置发送 GOOSE 广播	（1）GOOSE 发送机制符合规范时，检查软件接收到的 GOOSE 报文：不触发新的 GOOSE 事件的情况下，接收到的报文 StNum 值应保持不变，SqNum 值应自动加 1；触发新的 GOOSE 事件后，StNum 值应自动加 1，SqNum 值应自动复归。（2）GOOSE 发送机制不符合规范时，检查软件接收到的 GOOSE 报文：SqNum 和 SqNum 值的变化不符合规范
33		GOOSE 接收机制	GOOSE 接收方应严格检查 AppID，GOID，GOCBRef，DataSet，ConfRev 等参数是否匹配，其次要保证 GOOSE 接收时网络中断或者 GOOSE 发送方装置故障时，GOOSE 接收方能根据实际情况实现断链告警，最后确认 GOOSE 接收单网机制功能是否正常，是否满足相关标准要求	（1）把电脑和装置连接到同一局域网络。（2）电脑端运行智能分布式通信协议测试软件，装置端运行分布式 FA 程序。（3）配置装置端 GOOSEIN 和电脑端 GOOSEOUT 参数。（4）单击测试软件工具栏的"启/停 GOOSE 收发模块"按钮，启用 GOOSE 通信功能。（5）单击"操作"菜单，选择"GooseOut 数据"命令，在 GooseOut 数据页面中选中模拟发送的 GOOSE 数据集，单击"模拟下发"命令。（6）分别修改软件端 AppID，GOID，GOCBRef，DataSet，ConfRev 等参数后再次模拟下发报文	（1）当通信参数相匹配时，装置端能接收到软件模拟下发的 GOOSE 报文。（2）当任一通信参数不匹配时：装置端均拒绝接收软件模拟下发的 GOOSE 报文

序号	测试分类	测试项目	技术要求	测试方法	预期结果
34		GOOSE接收机制	为了使接收端能够安全可靠地确认开关状态的变位,对于重要的GOOSE信息(如跳闸命令)采用双帧接收机制以确保可靠性。智能分布式终端通常使用双帧接收机制,在新的事件发生后要收到两帧GOOSE数据相同的报文才更新数据。终端收到故障消息后,主动把自身的数据集广播出去	(1)把电脑和装置连接到同一局域网络。 (2)电脑端运行智能分布式通信协议测试软件,装置端运行分布式FA程序。 (3)配置装置端GooseIn和电脑端GooseOut参数。 (4)单击测试软件工具栏的"启/停GOOSE收发模块"按钮,启用GOOSE通信功能。 (5)单击"操作"菜单,选择"GooseOut数据"命令,在GooseOut数据页面中选中遥信数据集	(1)当软件端使用单帧机制通信时,装置端接收到报文后不更新接收到的数据。 (2)当软件端使用双帧机制通信时,装置端接收到报文后不更新接收到的数据
35	基于GOOSE的终端间对等通信机制	GOOSE时标	保护、测控装置发送的GOOSE数据集不宜带时标	(1)把电脑和保护、测控装置连接到同一局域网络。 (2)电脑端运行智能分布式通信协议测试软件,装置端运行分布式FA程序。 (3)配置装置端GooseOut和电脑端GooseIn参数。 (4)单击测试软件工具栏的"启/停GOOSE收发模块"按钮,启用GOOSE通信功能。 (5)单击"操作"菜单,选择"GooseIn数据"命令,在GooseIn数据页面中选中模拟接收的GOOSE数据集,单击"模拟接收"命令。 (6)在装置端触发遥信变位,使装置发送GOOSE报文	1.当装置发送的GOOSE报文符合规范时,检查软件接收到的报文,报文中数据集内不应包含时标信息
36			间隔层装置虚端子关联时标时采用GOOSE报文关联的时标,不关联时标时采用本装置时标		
37		消息传递及处理	当配电网络节点发生变化,只需修改局部变化节点处的终端之间的GOOSE订阅关系。线路故障时相邻配电网自动化终端通过对等通信交换线路上所有开关的位置、保护故障信息,实现高速的故障定位和故障隔离	(1)把电脑和保护、测控装置连接到同一局域网络。 (2)电脑端运行智能分布式通信协议测试软件,装置端运行分布式FA程序。 (3)配置装置端GooseIn参数和电脑端GooseOut参数。 (4)单击测试软件工具栏的"启/停GOOSE收发模块"按钮,启用GOOSE通信功能。 (5)单击"操作"菜单,选择"GooseIn数据"命令,在GooseIn数据页面中选中模拟接收的GOOSE数据集,单击"模拟接收"命令。 (6)在装置端触发遥信变位,使装置发送GOOSE报文。 (7)修改装置的配置装置端GooseOut	

序号	测试分类	测试项目	技术要求	测试方法	预期结果
38	基于GOOSE的终端间对等通信机制	保护功能逻辑	当任意终端通信中断后（检测不到相邻终端心跳），相邻终端需根据心跳信息判断出该终端通信中断，并置相应的虚遥信	伴随智能分布式保护逻辑测试验证	
39			当任意终端接收到其他终端故障信息后，在一定时段内，若此终端也检测到故障，快速发送GOOSE故障信息；若此终端在此时段内未检测到故障，也需发送GOOSE无故障信息	伴随智能分布式保护逻辑测试验证	伴随智能分布式保护逻辑测试验证
40			当任意终端检测到故障时，快速发送GOOSE故障信息	伴随智能分布式保护逻辑测试验证	伴随智能分布式保护逻辑测试验证

4.5　分 布 式 FA 检 测

分布式 FA 测试分类项目的技术要求的测试方法及预期结果见表 4－3。

表 4－3　　　　　　　测试分类项目的技术要求的测试方法及预期结果

序号	测试分类	测试项目	技术要求	测试方法	预期结果
1	基本要求	通用要求	应采集三相电流、零序电流，电源侧和负荷侧电压，电压判断应采用线电压	RT－LAB 提供 A 相电流、零序电流、电源侧三相电压和线路侧三相电压，共 8 路电气量。查看对比终端与功率放大器显示的电气量	终端液晶显示器中的电流量与功率放大器一致，电压量为功率放大器的根号 3 倍
2			当分布式 FA 功能投入时，应自动退出电压时间型及电压电流型 FA 相关功能	在一切正常的情况下，在一条线路上设置一个单相接地短路故障。全部配有终端均投入分布式FA。检测终端是否退出电压时间型及电压电流型 FA 功能，且电压时间型及电压电流型 FA 功能不会动作	投入分布式 FA 功能时，能够自动退出电压时间型及电压电流型 FA 相关功能，控制字置 0，且发生故障时电压时间型及电压电流型 FA 功能不会动作
3			当分布式 FA 功能投入时，自动退出常规过流保护功能	在一切正常的情况下，在一条线路上设置一个单相接地短路故障。全部配有终端均投入分布式FA。检测终端是否退出常规过流保护功能，且不会动作	投入分布式 FA 功能时，常规过流保护功能退出，控制字置 0。发生故障时常规过流保护不动作
4			分布式 FA 相关的 GOOSE 发送端及接收端均应不设 GOOSE 发送及接收软压板	通过人工观察，查看 GOOSE 发送端及接收端两个端口是否设软压板	人工观察发现，GOOSE 发送端及接收端不设 GOOSE 发送及接收软压板

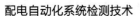

配电自动化系统检测技术

续表

序号	测试分类	测试项目	技术要求	测试方法	预期结果
5	基本要求	通用要求	对于干线开关节点，当本节点分布式 FA 功能不投入时，本节点应停止分布式 FA 相关的 GOOSE 报文发送；对于负荷馈线开关，不投入分布式 FA 功能时，无需订阅 GOOSE 报文，但应发送相关 GOOSE 报文。GOOSE 需配置单独投退功能	退出智能分布式 FA 功能，通过检测软件测试各个终端是否发送 GOOSE 报文	退出分布式 FA 时，检测工具验证各个终端无 GOOSE 报文发送和订阅
6			对于干线开关节点，当本节点分布式 FA 功能不投入时，本节点 GOOSE 通信中断、异常不应告警	退出智能分布式 FA 功能，拔掉网线，查看终端是否报警	无报警
7			本节点分布式 FA 功能投入后，当 GOOSE 通信异常时，应配置 GOOSE 通信异常过流保护用于故障切除，配置 GOOSE 通信异常失压跳闸逻辑用于故障隔离。GOOSE 通信异常包括通信中断、数据异常或检修不一致	拔掉某一台终端的网线，包括相邻的两台终端，共三台终端皆发生通信异常。在通信异常节点之间的某个环网柜母线上设置一个单相接地短路故障。检查终端是否自动投入过流保护和失压保护逻辑功能	在通信异常条件下，投入过流保护功能和失压跳闸功能（控制字为1）
8			具有涌流识别功能，用户大容量变压器合闸时不误触发故障定位信号	正常运行时，在某个 RMU 中的环出线节点的三相电流信号中加入含量为 10%~20%基波的二次谐波，模拟涌流信号	被加入涌流的节点能够识别变压器涌流，触发励磁涌流闭锁信号
9			基于对等通信的 FA 功能应设置软硬压板或转换开关，软硬功能压板配置要求配置智能分布式投入硬压板	通过人工观察，智能分布式是否配置了【软压板】和【硬压板】；退出【软压板】，在一条线路上设置一个单相接地短路故障，查看智能分布式 FA 是否投入成功，检测到故障电流的节点是否发送"节点故障"GOOSE 信号	人工观察发现，终端具备设置软硬压板选项；退出【软压板】时，智能分布式功能退出，不会发送和订阅"节点故障"信息
10			远方操作和检修状态均只需投入硬压板，无需设软压板	通过人工观察，查看"远方操作"和"检修状态"是否均只设硬压板	人工观察发现，"远方操作"和"检修状态"均只设硬压板，无设软压板
11			负荷馈线开关可不参与智能分布式，但检测到故障电流时需触发过流闭锁 GOOSE 输出信号（增加）	在一条负荷馈线的开关出口处发生单相接地故障	负荷开关过流保护动作，且所在的环网柜进环出开关收到闭锁信号，闭锁智能分布式功能
12	故障隔离逻辑要求	本节点故障检测逻辑	当配电网络发生故障时，流经本节点的相电流大于整定值或零序电流大于整定值，在判定本节点故障，瞬时触发"节点故障"GOOSE 输出信号，该信号随过流状态保持，同时为保证可靠性，信号触发后状态保持最短时间应大于 300ms	在一条线路上设置一个单相接地短路故障，调阅装置的 SOE 信号，计算"节点故障"GOOSE 动作信号与返回信号之间的时差	检测到故障电流时能够触发"节点故障"GOOSE 输出信号，并至少保持 300ms

序号	测试分类	测试项目	技术要求	测试方法	预期结果
13		故障隔离充电条件	a) 本节点开关在合位； b) 本节点无故障且相邻侧均无故障； c) 电源侧和负荷侧至少一侧有压； d) 无放电条件； 以上条件均满足后延时 15s 后转为充电状态	配网系统正常运行，除联络开关外，分段开关均合位。正常运行 15s 后查看终端后台是否转为充电状态	在满足所有条件下，能够转为充电状态或者触发"充电"命令。在不满足任一条件时，不转为充电状态或者触发"充电"命令
14		故障隔离放电条件	a) 本节点开关分位； b) 分布式 FA 功能退出； c) 电源侧和负荷侧均无压延时 60s。 以上任一条件满足时故障定位瞬时放电，有压判断定值为 $70\%U_n$；无压判断定值为 $30\%U_n$	（1）在模拟断路器手动跳闸常闭分段开关，查看终端后台是否放电。 （2）退出分布式 FA 功能，查看终端后台是否转为放电状态	满足每一个条件时，均能发出"放电"信号
15	故障隔离逻辑要求	故障切除逻辑	故障隔离充电完成且本节点 GOOSE 通信正常，当系统发生故障，若本节点非末开关，且相电流大于整定定值或零序电流大于整定定值，M 侧和 N 侧节点中有且只有一侧的节点均未发出"节点故障" GOOSE 信号，则经过整定故障切除延时后动作跳本节点开关	在一条线路上设置一个单相接地短路故障	能够按照逻辑要求，故障上游的环出线开关准确动作并切除故障
16			若本节点为末开关，且相电流大于整定定值或零序电流大于整定定值，且收到 M 侧和 N 侧任一节点的"节点故障" GOOSE 信号，则经过整定延时后动作跳本节点开关	将一条负荷馈线的开关纳入智能分布式 FA 中，该馈线开关作为末开关，并在该馈线出口发生单相接地故障	能够按照逻辑要求，末开关准确动作并切除故障
17			若在开关失灵时间内本节点开关仍未跳开，则触发"开关拒跳" GOOSE 输出信号	线路发生单相接地短路故障时，对于切除故障的开关，输入终端的开关位置信号一直保持为合位，模拟开关拒跳，观察终端是否触发"开关拒跳" GOOSE 输出信号	能够按照逻辑要求，在 150ms 内触发"开关拒跳" GOOSE 输出信号
18		故障隔离逻辑	故障隔离充电完成且本节点 GOOSE 通信正常，若本节点未检测到故障且收到 M 侧或 N 侧有且仅有一个节点的"节点故障" GOOSE 信号，则经过整定延时后动作跳本节点开关，对于末开关应按照此逻辑要求完成故障隔离	将一条负荷馈线的开关纳入智能分布式 FA 中，在一个 RMU 里的母线上设置一个单相接地短路故障，观察环出线开关以及末开关能否分闸	能够按照逻辑要求，环出线开关以及末开关均准确隔离故障
19			若在开关失灵时间内开关由合变分且无流，则触发"故障隔离成功" GOOSE 输出信号	在一条线路上设置一个单相接地短路故障	能够按照逻辑要求，触发"故障隔离成功" GOOSE 输出信号
20			若在开关失灵时间内本节点开关仍未跳开，则触发"开关拒跳" GOOSE 输出信号	线路发生单相接地短路故障时，对于隔离故障的开关，输入终端的开关位置信号一直保持为合位，模拟开关拒跳，观察终端是否触发"开关拒跳" GOOSE 输出信号	能够按照逻辑要求，在 150ms 内触发"开关拒跳" GOOSE 输出信号

续表

序号	测试分类	测试项目	技术要求	测试方法	预期结果
21		首开关失压保护逻辑	分布式FA功能投入、本节点为首开关且本节点GOOSE通信正常时，若开关合位且线路有压3s后自动投入首开关失压保护，保证故障发生在电源点与首开关之间时能迅速隔离。首开关失压保护投入后若本节点两侧均无压且本节点无流，则经整定延时跳本节点开关，同时启动开关跳闸失灵判断	仿真开始后第10s，在变电站出口断路器与首开关之间设置一个单相接地短路故障，经0.3s后跳开断路器，再经1s后重合，再经0.3s后跳闸；分布式FA首开关失压保护延时要求躲过断路器的重合时间。查看首开关失压保护是否投入运行	首开关在规定时间内投入失压保护；首开关上游故障时，首开关能够准确跳闸
22			若在开关失灵时间内开关合变分且无流，则触发"故障隔离成功"GOOSE输出信号	仿真开始后第10s，在变电站出口断路器与首开关之间设置一个单相接地短路故障，经0.3s后跳开断路器，再经1s后重合，再经0.3s后跳闸。观察终端是否触发"故障隔离成功"GOOSE输出信号	能够按照逻辑要求，触发"故障隔离成功"GOOSE输出信号
23	故障隔离逻辑要求		若在开关失灵时间内本节点开关仍未跳开，则触发"开关拒跳"GOOSE输出信号	仿真开始后第10s，在变电站出口断路器与首开关之间设置一个单相接地短路故障，经0.3s后跳开断路器，再经1s后重合，再经0.3s后跳闸。输入终端的开关位置信号一直保持为合位，模拟开关拒跳，观察终端是否触发"开关拒跳"GOOSE输出信号	能够按照逻辑要求，触发"开关拒跳"GOOSE输出信号
24		开关失灵联跳逻辑	当本节点收到M侧或N侧节点"开关拒跳"GOOSE信号，且本节点开关在合位、未跳闸，则失灵联跳瞬时动作跳本节点开关	线路发生单相接地短路故障时，对于切除和隔离故障的两个开关，输入终端的开关位置信号一直保持为合位，模拟开关拒跳；收到"开关拒跳"的故障上游的相邻开关，输入终端的开关位置信号也一直保持为合位，模拟相邻开关拒跳。观察相邻终端是否接收"开关拒跳"GOOSE信号，并跳开相邻的开关	能够根据上下游开关拒跳信号启动失灵联跳逻辑，相邻2台终端均发出跳闸信号，故障下游的相邻开关跳闸，上游的相邻开关拒跳
25			发送给邻侧的"开关拒跳"GOOSE输出信号，动作后应展宽300ms后返回，保证邻侧开关能可靠收到该信号后启动失灵联跳逻辑	线路发生单相接地短路故障时，对于切除和隔离故障的两个开关，输入终端的开关位置信号一直保持为合位，模拟开关拒跳；调阅装置的SOE信号，计算"开关拒跳"GOOSE动作信号与返回信号之间的时差	"开关拒跳"GOOSE输出信号展宽为300ms
26			由于相邻侧开关失灵联跳本节点开关后，若本节点开关拒跳，不触发"开关拒跳"GOOSE输出信号	线路发生单相接地短路故障时，对于切除和隔离故障的两个开关，输入终端的开关位置信号一直保持为合位，模拟开关拒跳；收到"开关拒跳"的故障上游的相邻开关，输入终端的开关位置信号也一直保持为合位，模拟相邻开关拒跳	故障上游的相邻开关再拒跳，终端也不触发"开关拒跳"GOOSE输出信号

续表

序号	测试分类	测试项目	技术要求	测试方法	预期结果
27	故障隔离逻辑要求	开关失灵联跳逻辑	若本节点未检测到故障且跳闸成功，则触发"故障隔离成功"GOOSE 输出信号	线路发生单相接地短路故障时，对于切除和隔离故障的两个开关，输入终端的开关位置信号一直保持为合位，模拟开关拒跳。收到"开关拒跳"的故障下游的相邻开关不设置开关拒跳	故障下游的相邻终端在开关正确动作后触发"故障隔离成功"GOOSE 输出信号
28			负荷馈线开关拒跳，应触发"开关拒跳"GOOSE 输出信号	在一条负荷馈线的开关出口处发生单相接地故障	负荷开关触发"开关拒跳"GOOSE 信号，所在环网柜的环进环出开关准确跳闸
29		GOOSE通信异常的故障切除与隔离逻辑	当分布式 FA 投入且本节点 GOOSE 通信异常时，自动投入 GOOSE 通信异常过流保护用于故障切除。GOOSE 通信异常过流保护用于 GOOSE 通信异常节点下级故障时的故障切除，共用分布式 FA 故障切除过流定值与延时定值	拔掉某一台终端的网线，包括相邻的两台终端，共三台终端皆发生通信异常。在通信异常节点之间的某个环网柜母线上设置一个单相接地短路故障。检查终端是否自动投入过流保护和失压保护逻辑功能	能够检测到本节点通信异常；通信异常时自动投入过流保护；过流定值和延时定值与智能分布式 FA 故障切除逻辑相同
30			若本节点 GOOSE 通信异常且相电流大于整定定值或零序电流大于整定定值，则经过整定延时后动作跳本节点开关	拔掉某一台终端的网线，包括相邻的两台终端，共三台终端皆发生通信异常。在通信异常节点之间的某个环网柜母线上设置一个单相接地短路故障	故障点上游的通信异常范围内的开关均启动过电流保护切除故障，故障点下游的通信异常范围内的开关均启动失压保护隔离故障，并触发"故障隔离成功"GOOSE 输出信号
31			若在开关失灵时间内本节点开关仍未跳开，则触发"开关拒跳"GOOSE 输出信号	拔掉某一台终端的网线，包括相邻的两台终端，共三台终端皆发生通信异常。在通信异常节点之间的某个环网柜母线上设置一个单相接地短路故障。对于通信异常范围内的所有开关，输入终端的开关位置信号也一直保持为合位，模拟开关拒跳	能够按照逻辑要求，通信异常范围最外端的 2 台开关均触发"开关拒跳"GOOSE 输出信号
32		缓动型逻辑要求	当使用缓动型分布式 FA 时，其故障切除、故障隔离需在速动型逻辑判断基础上，增加无压无流条件。即无压无流前记录故障切除、故障隔离结果，无压无流后持续时间需大于整定定值后动作，并触发相应 GOOSE 输出信号	将终端设置为"缓动型"功能；线路发生单相接地短路故障，故障 10s 后断开变电站出口处断路器	变电站出口处断路器跳闸之前，智能分布式不触发开关动作信号；在变电站出口断路器跳闸之后，经过延时后完成故障切除和故障隔离操作
33	供电恢复逻辑要求	供电恢复充电条件	a) 本节点开关在分位；b) 电源侧和负荷侧均有压；c) 无放电条件。以上条件均满足后延时 15s 转为充电状态，判定本开关为开环点	配网系统正常运行，联络开关分位。15s 后查看终端后台是否转为充电状态	能够自动识别开环点；在满足所有条件下，能够转为充电状态或者触发"充电"命令；在不满足任一条件时，不转为充电状态或者触发"充电"命令

序号	测试分类	测试项目	技术要求	测试方法	预期结果
34		供电恢复放电条件	a）分布式 FA 功能退出。b）电源侧和负荷侧均无压延时 15s。c）邻侧"节点故障"GOOSE 输入。d）邻侧"节点拒跳"GOOSE 输入。e）操作把手位置就地。f）供电恢复动作。以上任一条件满足时供电恢复瞬时放电	1）退出分布式 FA 功能。2）两侧变电站出口断路器跳闸 20s。3）在联络开关一侧的线路上发生单相接地短路故障，并让切除故障的开关的位置信号返回为"合位"状态，另其终端先触发"节点故障"GOOSE 信号，再触发"节点拒跳"GOOSE 信号。4）将操作把手位置就地。以上条件下，查看终端后台是否转为充电状态	满足每一个条件时，均能发出"放电"信号
35	供电恢复逻辑要求	供电恢复逻辑	故障隔离成功后，区域各节点向两侧依次转发"故障隔离成功"GOOSE 信号，当本节点供电恢复充电完成且在电源侧和负荷侧单侧失压后，收到"故障隔离成功"GOOSE 信号，则经过整定延时后启动本节点开关合闸，完成转供电过程	在一条线路上设置一个单相接地短路故障。查看故障两侧终端是否转发"故障隔离成功"GOOSE 信号	能够准确转发"故障隔离成功"GOOSE 信号，开环点终端能够收到"故障隔离成功"GOOSE 信号，并经过整定延时合闸本节点开关
36			本节点触发的"故障隔离成功"GOOSE 输出信号，信号动作后应展宽 300ms 后返回，且 15s 内收到邻侧的"故障隔离成功"信号不转发	No.1、2、3、4 四台终端，依次串接。在后台用终端 1 触发一个"故障隔离成功"信号，13s 后再次触发一个"故障隔离成功"信号。调阅终端 2 的 SOE 信号，计算"故障隔离成功"GOOSE 动作信号与返回信号之间的时差	终端 1 有一个信号开入，来自终端 2。终端 2 的 SOE 信号 0>1，1>0 的时差为 300ms
37		故障隔离结果转发要求	本节点已触发故障隔离动作、故障切除动作信号或为开环点，收到邻侧的"故障隔离成功"信号不转发	在一条线路上设置一个单相接地短路故障。查看故障两侧终端是否转发"故障隔离成功"GOOSE 信号	对于处于分位的开关（即故障切除节点、故障隔离节点、开环点），不转发收到的邻侧"故障隔离成功"信号
38			其他节点收到邻侧"故障隔离成功"GOOSE 输入信号后，合并至本节点 GOOSE 信号后转发至邻侧，转发时间持续 300ms 后信号返回且 15s 内不再次转发	No.1、2、3、4 四台终端，依次串接。在后台用终端 1 触发一个"故障隔离成功"信号，13s 后再次触发一个"故障隔离成功"信号。调阅终端 2 的 SOE 信号，计算"故障隔离成功"GOOSE 动作信号与返回信号之间的时差	终端 2 有两个信号开入，分别来自终端 2 和终端 4。终端 2 的 SOE 信号 0>1，1>0 的时差为 300ms
39			末开关不触发"故障隔离成功"信号，收到邻侧的"故障隔离成功"信号不转发	将一条负荷馈线的开关纳入智能分布式 FA 中，该馈线开关作为末开关，并在该馈线出口发生单相接地故障	不触发"故障隔离成功"GOOSE 输出信号
40	多厂家互操作	多厂家终端互操作	同一条配网线路上配置不同厂家的配电终端，不同厂家终端的智能分布式功能能够完全兼容，符合互操作要求	在同一条配网线路上，不同环进环出线开关配置不同厂家的终端，完成附表 1 的测试	各种故障工况下，均能准确切除隔离故障，并完成转供电恢复
		多转供点动作情况	在较复杂拓扑的配网中，能够根据优先级选择正确的联络开关完成供电恢复操作	在多转供点的配网系统中，不同联络开关配置不同厂家的终端，完成 4.6 互操作的测试	各种故障工况下，均能准确切除隔离故障，并按照拟定的转供电策略，完成供电恢复

4.6　互 操 作 测 试

在仿真测试平台中建立与图 4-25 相同拓扑的配电网仿真模型，并根据上面测试大纲开展测试。

在图 4-25 中，M01、M02、M03、M04、M05、M06、M07、M08、F01、F04、F07、F10 共 12 台断路器分别连接 12 台待测配电终端。在投入智能分布式功能的开关中，M03 配置为联络开关；M01、M08 配置为首开关；M02、M03、M05、M06、M07 为普通分段开关；F07 配置为末开关。此外，F01、F04、F10 配置为馈线开关，不投智能分布式功能，但需满足智能分布式功能规范的要求，即在常规过流保护基础上增加 GOOSE 发送功能（触发"过流闭锁"或"开关拒跳"GOOSE 信号）。

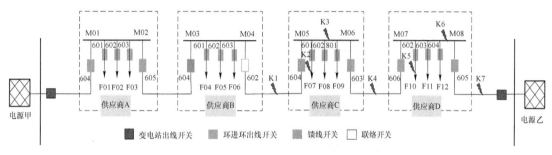

图 4-25　配电网仿真模型

互操作测试检验项目的检验方法及要求见表 4-4。

表 4-4　检验项目的检验方法及要求

检验项目	检验方法及要求			
	分项内容	状态序列		动作逻辑
正常状态测试	K1 故障	第一个状态：所有分段开关双侧有压合位、联络开关双侧有压分位		M05 故障隔离跳闸，不启动 M04 联络合闸
		第二个状态：故障态（M08、M07、M06、M05 施加故障电流且大于定值，待 M05 跳开后撤除故障电流）		
		第一个状态：所有分段开关双侧有压合位、联络开关双侧有压分位，退出 M05 保护跳闸出口硬压板		M05 拒跳，启动 M06、F07 跳闸，不启动 M04 联络合闸
		第二个状态：故障态（M08、M07、M06、M05 施加故障电流且大于定值，待 M06 跳开后撤除故障电流）		
	K2 故障	第一个状态：所有分段开关双侧有压合位、联络开关双侧有压分位		F07 故障切除动作，M05、M06 不跳闸
		第二个状态：故障态（M08、M07、M06、F07 施加故障电流且大于定值，待 F07 跳开后撤除故障电流）		

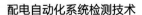

配电自动化系统检测技术

检验项目	检验方法及要求		
	分项内容	状态序列	动作逻辑
正常状态测试	K2 故障	第一个状态：所有分段开关双侧有压合位、联络开关双侧有压分位，退出 F07 保护跳闸出口硬压板	F07 故障切除动作，F07 拒动，启动 M05、M06 故障隔离跳闸，启动 M04 联络合闸
		第二个状态：故障态（M08、M07、M06、F07 施加故障电流且大于定值，待 M05、M06 跳开后撤除故障电流）	
	K3 故障	第一个状态：所有分段开关双侧有压合位、联络开关双侧有压分位	M06 故障切除动作，M05、F07 故障隔离跳闸，启动 M04 联络合闸
		第二个状态：故障态（M08、M07、M06 施加故障电流且大于定值，待 M05、M06 跳开后撤除故障电流）	
		第一个状态：所有分段开关双侧有压合位、联络开关双侧有压分位，退出 M05 保护跳闸出口硬压板	M06、F07 正确跳闸，M05 拒跳，不启动 M04 联络合闸
		第二个状态：故障态（M08、M07、M06 施加故障电流且大于定值，待 M04、M06 跳开后撤除故障电流）	
		第一个状态：所有分段开关双侧有压合位、联络开关双侧有压分位，退出 M06 保护跳闸出口硬压板	M05、F07 正确跳闸，M06 拒跳，启动 M07 切除故障跳闸，启动 M04 联络合闸
		第二个状态：故障态（M08、M07、M06 施加故障电流且大于定值，待 M05、M07 跳开后撤除故障电流）	
	K4 故障	第一个状态：所有分段开关双侧有压合位、联络开关双侧有压分位	M06，M07 故障隔离跳闸，启动 M04 联络合闸
		第二个状态：故障态（M08、M07 施加故障电流且大于定值，待 M06、M07 跳开后撤除故障电流）	
		第一个状态：所有分段开关双侧有压合位、联络开关双侧有压分位，退出 M06 保护跳闸出口硬压板	M07 正确跳闸，M06 拒跳，启动 M05、F07 隔离跳闸，启动 M04 联络合闸
		第二个状态：故障态（M08、M07 施加故障电流且大于定值，待 M05、M07 跳开后撤除故障电流）	
		第一个状态：所有分段开关双侧有压合位、联络开关双侧有压分位，退出 M07 保护跳闸出口硬压板	M06 正确跳闸，M07 拒跳，启动 M08 隔离跳闸，启动 M04 联络合闸
		第二个状态：故障态（M08、M07 施加故障电流且大于定值，待 M06、M08 跳开后撤除故障电流）	
	K5 故障	第一个状态：所有分段开关双侧有压合位、联络开关双侧有压分位	F10 过流动作，M07、M08 不跳闸
		第二个状态：故障态（M08、F10 施加故障电流且大于定值，待 F10 跳开后撤除故障电流）	
		第一个状态：所有分段开关双侧有压合位、联络开关双侧有压分位，退出 F10 保护跳闸出口硬压板	F10 过流动作，F10 拒动，启动 M07、M08 故障隔离跳闸，启动 M04 联络合闸
		第二个状态：故障态（M08、F10 施加故障电流且大于定值，待 M07、M08 跳开后撤除故障电流）	
	K6 故障	第一个状态：所有分段开关双侧有压合位、联络开关双侧有压分位	M07，M08 故障隔离跳闸，启动 M03 联络合闸
		第二个状态：故障态（M08 施加故障电流且大于定值，待 M07、M08 跳开后撤除故障电流）	

检验项目	检验方法及要求		
	分项内容	状态序列	动作逻辑
正常状态测试	K6 故障	第一个状态：所有分段开关双侧有压合位、联络开关双侧有压分位，退出 M07 保护跳闸出口硬压板	M08 正确跳闸，M07 拒跳，启动 M06 隔离跳闸，启动 M04 联络合闸
		第二个状态：故障态（M08 施加故障电流且大于定值，待 M06、M08 跳开后撤除故障电流）	
	K7 故障	第一个状态：所有分段开关双侧有压合位、联络开关双侧有压分位	M08 开关首开关失压分闸动作跳开开关，M04 联络开关经过延时后合闸
		第二个状态：故障态（M08、M07、M06、M05、M04 开关两侧失压，M03 单侧失压）	
		第一个状态：所有分段开关双侧有压合位、联络开关双侧有压分位，M08 退出保护跳闸出口硬压板	M08 开关首开关失压分闸动作后 M08 拒跳，启动 M07 跳闸，M04 联络开关经过延时后合闸
		第二个状态：故障态（M08、M07、M06、M05、M04 开关两侧失压，M03 单侧失压）	
通信异常测试（切断 M06 终端 GOOSE 通道）M06/M05/M07/F07	K1 故障	第一个状态：所有分段开关双侧有压合位、联络开关双侧有压分位	M05、M06、M07 过流跳闸切除故障，F07 失压故障隔离，不启动 M04 联络合闸
		第二个状态：故障态（M08、M07、M06、M05 施加故障电流且大于定值，待 M05、M06、M07 跳开后撤除故障电流）	
	K2 故障	第一个状态：所有分段开关双侧有压合位、联络开关双侧有压分位	F07 过流动作，M06、M07 过流跳闸，M05 失压隔离故障
		第二个状态：故障态（M08、M07、M06、F07 施加故障电流且大于定值，待 F07 跳开后撤除故障电流）	
		第一个状态：所有分段开关双侧有压合位、联络开关双侧有压分位，退出 F07 保护跳闸出口硬压板	F07 过流动作，F07 拒动，M06、M07 过流跳闸切除故障，M05 失压隔离故障，启动 M04 联络合闸
		第二个状态：故障态（M08、M07、M06、F07 施加故障电流且大于定值，待 M05、M06、M07 跳开后撤除故障电流）	
	K3 故障	第一个状态：所有分段开关双侧有压合位、联络开关双侧有压分位	M06、M07 过流跳闸切除故障，M05、F07 失压隔离故障，启动 M04 联络合闸
		第二个状态：故障态（M08、M07、M06 施加故障电流且大于定值，待 M05、M06、M07 跳开后撤除故障电流）	
	K4 故障	第一个状态：所有分段开关双侧有压合位、联络开关双侧有压分位	M07 过流跳闸切除故障，M05、M06、F07 失压隔离故障，启动 M04 联络合闸
		第二个状态：故障态（M08、M07 施加故障电流且大于定值，待 M05、M06、M07 跳开后撤除故障电流）	
	K5 故障	第一个状态：所有分段开关双侧有压合位、联络开关双侧有压分位	F10 过流动作，M05、M06、M07、F07 失压跳闸隔离故障，M08 不跳闸，启动 M04 联络合闸
		第二个状态：故障态（M08、F10 施加故障电流且大于定值，待 F10 跳开后撤除故障电流，M05、M06、M07 失压跳闸隔离故障）。	
	K6 故障	第一个状态：所有分段开关双侧有压合位、联络开关双侧有压分位	M08 过流跳闸切除故障，M05、M06、M07、F07 失压跳闸隔离故障，启动 M04 联络合闸
		第二个状态：故障态（M08 施加故障电流且大于定值，待 M05、M06、M07、M08 跳开后撤除故障电流）	

第5章
配电网自动化主站系统检测技术

配电网自动化主站系统（即配电主站）是配电网自动化系统的核心部分，主要实现配电网数据采集与监控等基本功能和电网拓扑分析应用等扩展功能，并具有与其他应用信息系统进行信息交互的功能，为配电网调度指挥和生产管理提供技术支撑。配电网自动化主站系统能有效提高配电网供电可靠性、缩短配电线路停电时间、提升供电企业形象、提高用户满意度，实现配电网基于地理背景的智能运维。

配电网自动化主站部署结构如图5-1所示。

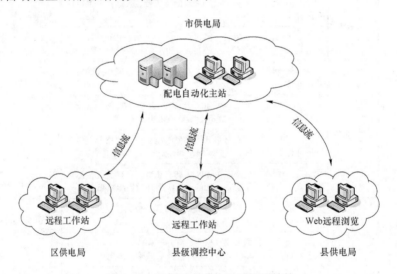

图5-1 配电网自动化主站部署结构

5.1 测 试 内 容

专用测试名词解释如下：

雪崩测试——大容量雪崩测试是指在现场测试环境下，采用专业的模拟测试系统模拟配电网自动化主站系统设计接入的配电网自动化终端和信息量，并模拟雪崩数据，以TCP/IP方式和 DL 634.5.104—2002 远动协议南方电网实施细则与配电网自动化系统进行实时通信的雪崩测试状态下，对系统的各项 SCADA 功能（遥控操作、人工置数、挂牌、告警分流等）和系统综合性能（服务器及工作站的 CPU 负载率、主干网及前置网的网络负载率）所进行的测试，测试持续时间至少为 30min。

单机单网测试——指在现场测试环境和运行环境下，系统处于仅有一台前置服务器、一台主干网交换机必需的工作站运行正常的最小运行状态，对 SCADA 功能的完整性和正确性、历史数据的缓存及恢复的正确性进行的测试；除历史数据无法读取外，SCADA 功能应完整正确，各项性能指标满足技术协议要求，则视为通过；其测试目的为检验系统的单服务节点运行能力，即在极限状态下的可靠性。

黑启动测试——指在现场测试环境和运行环境下，为检测系统黑启动时间（包括全系统黑启动时间和系统最小运行方式黑启动时间）所进行的相关启、停机及电源操作与记录。

5.2　系 统 硬 件 核 查

核查方法：现场查看，集成商提供资料证明，检查是否满足测试大纲要求。

硬件查看的内容有：SCADA 服务器、数据库服务器、公网数采服务器、实时数据发布服务器、磁盘阵列、工作站、显示器、主干网交换机、延伸网交换机、公网采集网交换机、实时信息发布交换机、正向物理隔离、反向物理隔离、千兆防火墙和时钟同步装置。

5.3　资 料 核 查

资料检查内容一般为以下几项：

（1）网络配线图；

（2）数据库结构文本手册；

（3）数据库维护手册；

（4）用户使用手册；

（5）系统管理维护手册；

（6）系统功能说明手册；

（7）系统安装和配置手册；

（8）系统设计手册（包括各模块详细软件流程）；

（9）系统软、硬件测试手册；

（10）开发级程序员手册，包括：

1）全部所购原码说明；

2）用于进一步开发和扩展的 API 接口；

3）公用程序和函数的调用方法；

4）数据字典。

5.4 总体技术要求测试

（1）标准化要求（见表 5-1）。

表 5-1   标准化要求测试项目测试内容及关键点

序号	测试项目	测试内容	关键点
1	CIM 支持	技术要求： 应用系统可以基于 CIM/XML 文件进行模型的导入和导出，也可以直接采用 CIM/XML 文件作为模型加载的基础。 测试方法： （1）导出 CIM/XML 文件，查看文件内容； （2）修改 CIM/XML 文件某个属性字段； （3）将修改后的 CIM/XML 文件导入系统，查看模型是否与修改的内容一致	（1）是否正确无误导入标准 CIM 模型，不出现乱码，文件无法显示，应用无法读取等问题； （2）是否正确无误导出标准 CIM 模型； （3）提供标准 CIM 模型文件测试
2	SVG 支持	技术要求： 遵循 SVG 标准实现图形的标准化输入和输出。支持 CIM 模型和 SVG 图形的关联性导入和导出。 测试方法： （1）导出 SVG 文件，在 IE 浏览器中查看图形； （2）修改 SVG 文件内容，如删除一部分图形元件； （3）将修改后的 SVG 文件导入系统，检查图形是否与修改的内容一致； （4）检查是否支持导出 SVG 图形时同时导出与图形相对应的 CIM 模型文件； （5）检查先导入 CIM 模型后再导入 SVG 文件时能否与模型自动关联匹配	（1）是否正确导入标准 SVG 图形并在系统里正确显示； （2）是否正确导出标准 SVG 图形并在系统里正确显示； （3）提供标准 SVG 格式文件测试
3	E 格式	技术要求： 系统需具备导出和导入 E 格式数据文件的能力。 测试方法： （1）选择某一断面，按照预先确定的 E 文件格式导出对应数据； （2）修改 E 文件中某部分数据，并将 E 文件导入系统； （3）检查导入后的数据是否与修改一致	（1）是否正确导入标准 E 文件并在系统里正确显示； （2）是否正确导出标准 E 文件并在系统里正确显示； （3）提供标准 E 格式进行测试
4	图形导出	技术要求： 图形导出时可以选择是否带电网运行数据和模型。 测试方法： 检查导出图形时是否可选择带配电网某一断面的运行数据	导出的图形里，电网运行数据需在图形中显示
5	人机界面	技术要求： 操作系统汉化完善，无乱码，支持中文输入。英文界面需用户认可。 测试方法： （1）单击 Linux 操作系统开始菜单的常用功能，检查是否为中文版； （2）查看主站系统所有类型画面、菜单条、对话框、帮助窗口、记录和报表的打印输出等各个应用界面，检查是否都为中文版，且无乱码存在，是否支持中文输入； （3）如有英文界面，检查是否通过用户认可	无乱码，汉化完善

（2）可靠性要求（见表 5 – 2）。

表 5 – 2　　　　　　　　　可靠性要求的测试项、测试内容及关键点

序号	测试项目	测试内容	关键点
1	应用可靠性	技术要求： 对同一个应用服务只有一个值班节点，其他节点该服务均为热备用；当值班节点应用故障时，其中一个热备用节点自动转化为该应用的值班节点；在应用切换过程中不应出现操作失效、数据丢失或数据不一致的情况。 测试方法： （1）打开主站系统关于应用服务进程状态的查看界面； （2）检查是否对于所有应用为 1 个值班进程，N 个热备用服务进程； （3）人工 kill 某个应用进程，查看热备用节点是否自动成为此应用的值班进程； （4）检查在切换过程中该应用是否出现异常，如出现数据丢失、界面崩溃等情况	杀掉值班进程时，是否可以自动切换热备用节点，且不影响系统运行
2	节点故障判断	技术要求： 系统应具备完善的节点故障机制，并能正确处理如服务器硬件设备故障、网络设备故障等影响功能和数据的情况。 测试方法： （1）打开系统监视硬件设备节点状态的查看界面； （2）通过将节点断开网络退出系统方式模拟节点故障； （3）对服务器、交换机、工作站、物理隔离、防火墙、时钟同步系统分别进行测试； （4）对 I 区设备节点和 III 区设备节点分别进行测试； （5）检查节点故障判断信息是否正确； （6）检查节点故障判断信息能否保存到数据库中供审计	节点监控功能必须实现界面监视
3	应用故障判断	技术要求： 系统应具备完善的应用故障判断机制，并能正确处理如进程异常、应用数据库故障等影响功能和数据的情况。 测试方法： （1）测试步骤参照应用可靠性测试过程，重点查看对于应用进程异常的诊断信息是否准确； （2）模拟数据库的相关故障，查看诊断信息是否准确	可以处理进程异常
4	运行稳定性	技术要求： 系统应能长期稳定运行，在值班设备无硬件故障和人工干预的情况下，主备设备不应发生自动切换。 测试方法： （1）在测试期间查看除人工模拟设备切换过程外，是否出现系统主备设备发生自动切换的情况； （2）检查数据库事项关于设备切换的记录数据； 该时间段不应少于 24×7h	无异常切换
5	脱离数据库运行	技术要求： 系统实时监控功能不得因商用数据库的失效而中断。 测试方法： （1）通过断开数据库服务器网络模拟脱离数据库运行环境； （2）检查在此期间前置、SCADA 功能是否中断； （3）测试完成后恢复带有数据库运行环境，检查在脱离数据库运行期间的遥信数据（如遥信、遥控、挂牌等信息）和遥测数据，是否能够保存到数据库中。 重点关注数据实时收发情况断开情况的影响	脱库运行不影响系统

（3）一致性要求（见表5-3）。

表5-3 一致性要求的测试项目测试内容及关键点

序号	测试项目	测试内容	关键点
1	一致性要求	技术要求： 　　所有应用的人机界面应保持一致，所有节点上的图形应保持一致，所有节点上的模型应保持一致，所有节点上的数据应保持一致。 测试方法： 　　（1）检查系统的各个应用的人机界面风格是否基本一致； 　　（2）检查不同节点上同一个应用的人机界面是否完全一致； 　　（3）检查不同节点上的同一幅图形是否完全一致； 　　（4）检查不同节点上的同一个设备模型是否完全一致； 　　（5）检查不同节点上的某一时刻数据是否完全一致	各节点上图模一致

（4）开放性要求（见表5-4）。

表5-4 开放性要求的测试项目测试内容及关键点

序号	测试项目	测试内容	关键点
1	混合平台支持	技术要求： 　　应具备在多种硬件和操作系统的混合平台上正确运行的能力。 测试方法： 　　（1）检查对于主站系统是否支持混合采用PC服务器和小型机； 　　（2）检查对于主站系统是否支持混合采用Linux和UNIX操作系统； 　　（3）如果当前主站系统采用单一平台，则供应商提供能够证明具备支持混合平台的材料	跨平台支持
2	标准统一接口	技术要求： 　　能提供标准的数据库访问接口，应提供应用级的开发应用接口，增加的应用可纳入系统平台的统一管理。 测试方法： 　　（1）检查是否支持标准SQL语言实现商用数据库操作； 　　（2）提供主站系统实时库数据操作的接口文档； 　　（3）提供应用级开发接口文档； 　　（4）提供系统应用管理级的接口文档	提供相应接口文档
3	容量可扩充性	技术要求： 　　系统容量可扩充，包括可接入的终端数量、系统数据库的容量。 测试方法： 　　（1）检查主站系统能否对数据库容量进行扩充； 　　（2）检查系统支持接入终端的最大数量； 　　（3）检查系统支持数据存储的最大数量是否只与磁盘容量相关	数据库相关表可新建或扩充

（5）统一性要求（见表5-5）。

表5-5 统一性要求的测试项、测试内容及关键点

序号	测试项目	测试内容	关键点
1	统一性要求	技术要求： 　　通过统一的人机界面一次录入所有图、模、库等信息，实现录入信息真正共享。 测试方法： 　　（1）检查图形编辑维护是否通过同一个应用界面； 　　（2）检查模型数据维护是否通过同一个应用界面； 　　（3）检查对于同一个模型数据不需要针对不同应用进行多次录入	录入信息图模库共享

（6）可维护性要求（见表 5－6）。

表 5－6　　　　　　　　　可维护性要求的测试项目测试内容及关键点

序号	测试项目	测试内容	关键点
1	可维护性要求	技术要求： 　系统应具备简便、易用的维护诊断工具，使系统维护人员可以迅速、准确的确定异常和故障发生的位置及发生的原因。 测试方法： （1）检查系统是否提供对于系统故障（主站自动化系统）的专用监视界面； （2）检查在该监视界面中是否对故障点位置、故障情况进行准确说明； （3）检查故障类型是否齐全，可参照"节点故障判断"中罗列的内容进行查看	具备故障监控界面

5.5　支撑平台功能测试

（1）图模库一体化（见表 5－7）。

表 5－7　　　　　　　　　图模库一体化的测试项目测试内容及关键点

序号	测试项目	测试内容	关键点
1	基本要求	技术要求： （1）电网模型应能通过绘制厂站图方式自动生成，也可根据现有的电网模型通过人工调整生成厂站图； （2）具备图元位置记忆功能。 测试方法： （1）检查是否可通过在图形维护界面作图的同时录入设备相关信息，完成图形绘制后自动生成电网拓扑信息数据和 CIM 设备模型数据； （2）检查在建立完整电网设备 CIM 模型和拓扑关系的条件下，系统能够自动生成单线图； （3）检查图元位置记忆功能，在绘图界面上任意绘制部分图形，将图形放置画面的一角后保存退出，在下次打开该幅图时，图元的位置和上次保存时的位置一致	（1）绘图后可以自动生成模型； （2）可根据模型及拓扑关系生成单线图； （3）具备图元位置记忆功能
2	模型建立	技术要求： 　系统应支持电网模型网络的单独建模和从 GIS 导入网络模型，同时支持从调度自动化取得电网的网络模型，并在此基础上形成调配一体化的网络拓扑。 测试方法： （1）单独建模通过在自动化维护工作站实现模型数据的录入验证； （2）导入测试方提供的广东电网 GIS 平台导出的 SVG 文件、CIM 文件、GML 文件验证是否支持 GIS 模型导入	（1）支持单独建模； （2）支持从 GIS 导入模型； （3）支持从 EMS 导入模型

序号	测试项目	测试内容	关键点
3	差异模型	技术要求： 差异模型生成模块解析差异模型文件，与数据库中的电网模型比较，生成差异模型，提供给第三方的系统使用。同样第三方系统提供的差异模型也可以经过解析后为本系统所用。 测试方法： （1）通过修改部分模型数据导出差异模型，检查模型文件的正确性； （2）导入差异模型，检查导入后主站内的原模型文件是否更新	（1）可生成以馈线为单位的差异模型； （2）可导入以馈线为单位的差异模型
4	触发导入机制	技术要求： 主站系统定时或手动触发把 GIS 系统的变化部分采用增量方式转化为自己所识别格式的文件，并完成向主站系统的文件发送。主站完成相应格式数据转化后，需要在测试服务器上运行经过验明正确无误后才可以把变化数据转换为在线数据，供配电网自动化主站系统主服务器使用。 测试方法： （1）检查系统是否支持定时导入模型的功能； （2）检查系统是否支持以馈线为单位的纯量模型导入功能	支持自动导入图模

（2）绘图及网络建模见表 5-8。

表 5-8 　　　　　　绘图及网络建模的测试项目测试内容及关键点

序号	测试项目	测试内容	关键点
1	带属性拷贝	技术要求： 所有设备图元、量测及其组合支持不同图形间带属性拷贝，如果是厂站图之间拷贝，厂站属性应自动替换。 测试方法： （1）在某幅厂站图中建立模型数据完整的间隔； （2）将该间隔复制； （3）在另一幅厂站图中粘贴间隔； （4）检查粘贴的间隔对应的厂站属性是否自动替换为新厂站图的属性	不同图形间复制图元文件，厂站属性是否自动替换
2	字符查找替换	技术要求： 所选定设备图元、量测及其组合的属性中的字符可以查找替换。 测试方法： （1）先框定查找的范围，选择部分图元和量测； （2）利用字符查找功能查找某一属性字段，查看能否准确定位要查找的内容； （3）利用替换功能，查看能否正确替换查找到的字段	属性中的字符是否可以查找替换
3	属性自动关联	技术要求： 厂站图上的所有元件的所属厂站属性、设备类型属性自动关联。 测试方法： （1）在某一厂站图中绘制某个电力设备图元； （2）补充除厂站属性外的其余必需属性； （3）查看系统能否根据元件所在厂站图自动补充相关厂站信息	新绘制图元的厂站属性是否自动关联

续表

序号	测试项目	测试内容	关键点
4	模板定制	技术要求： 提供电力系统常用的设备及间隔模板，并支持用户自定义特殊的设备及间隔模板，并可自由组合。 测试方法： （1）在绘图界面上绘制部分电力设备元件； （2）补充电力设备元件的通用属性； （3）将该元件组合保存成模板； （4）检查在别的图中是否能利用上述的模板，简化绘图过程	支持模板定制
5	模板拷贝	技术要求： 提供间隔、厂站模板的制作及拷贝功能。拷贝后可以方便地实现对于整个间隔、厂站信息的修改和替换，并支持附属设备（如接地开关、隔离开关）的人工选择取舍和设备量测的自动标注。 测试方法： （1）基于模板定制功能和厂站属性自动替换功能的基础上查看是否支持附属设备的人工选择； （2）查看是否支持设备量测自动标注	（1）模板可拷贝； （2）模板中的附属设备可取舍和量测可自动标注
6	列表自动绘制	技术要求： 具备列表自动绘制功能。 测试方法： （1）在绘图工具中选择列表绘制功能； （2）检查能否通过简单的参数设置完成列表的绘制	可绘制表格
7	橡皮筋功能	技术要求： 厂站图元移动时，连接在本厂站的线路及对应量测应跟踪移动，对端不动。 测试方法： （1）选取一个较为完整的单线图； （2）对图元进行拓扑连接检查，确保元件两端拓扑连接正确； （3）拖动该图元，检查该图元连接端点仍可靠连接不断开	支持橡皮筋功能
8	多图层功能	技术要求： 应具备多层图功能，各层图应可互相独立显示、操作，也可重叠显示，各层之间操作不得相互影响。 测试方法： （1）在每个图层上绘制不同电压等级的电力元件； （2）检查拓扑连接是否正确； （3）检查是否支持图层选择性显示； （4）检查是否支持通过放大和缩小实现不同图层的展示	支持多图层显示、操作
9	多重校核机制	技术要求： 系统提供多重校核机制，确保模型正确性和图库一致性。包括但不限于：输入参数合法性校核（非法字符、有效范围、名称冲突等）；连接关系合法性校核（不同电压等级导电设备不允许连接、导电设备不允许自身相连、同一开关连接点只能连一个导电设备等）。 测试方法： （1）在绘图时输入不合法属性参数，检查是否通过合法性校验； （2）检查不同电压等级的设备能否拓扑连接上； （3）检查同一个导电元件能否从一个端点利用连接线连接到另一个端点； （4）检查对于一个开关的一个端点是否只能连接一个导电设备	支持多重校核，校核内容参照技术要求

序号	测试项目	测试内容	关键点
10	图模检查工具	技术要求： 系统提供检查工具，可以用来检查图形和模型中可能存在的一些错误。 测试方法： （1）检查系统是否提供绘图正确性检查工具； （2）放置部分空置端点的元件，检查图模检查工具是否给予提示； （3）放置部分孤立元件，检查图模检查工具是否给予提示	具备图模检查工具的人机界面

（2）数据库管理。

1）数据库生成和维护（见表 5−9）。

表 5−9　　　　数据库生成和维护的测试项目、测试内容及关键点

序号	测试项目	测试内容	关键点
1	CIM 标准要求	技术要求： 系统数据库的建立应遵循 IEC 61970 标准进行，数据库中各元件之间的关系应符合 CIM 标准的关系。电网模型数据库的显示方式应遵循 CIM 封装显示要求，按照系统–区域–电压等级–设备–属性等方式多层次综合方式展开显示。 测试方法： （1）CIM 标准要求通过广东电科院 IEC 61970 一致性测试软件进行测试； （2）打开电网模型参数数据库维护界面，查看显示方式是否遵循技术要求	电网模型参数的显示方式是否遵循技术要求
2	有效性检查	技术要求： 所有输入条目在被写入数据库前都应通过有效性检查。 测试方法： （1）在电网模型数据库维护界面中对设备参数进行修改； （2）检查非法字符能否通过有效性检查； （3）检查要求非空的参数空置能否通过有效性检查； （4）检查唯一性要求的属性修改成一样能否通过有效性检查	支持有效性检查
3	自动广播同步	技术要求： 当在一服务器或工作站上进行修改和更新的条目通过有效性检查并被写入数据库后，系统应把该变化条目自动广播到所有其他服务器或工作站上。 测试方法： （1）在某个维护工作站上对某个电网模型参数进行修改； （2）在任一台服务器上检查该模型参数是否与修改后的参数一致； （3）在任一台工作站上检查该模型参数是否与修改后的参数一致	参数修改可自动广播同步
4	锁定维护	技术要求： 在发生针对同一参数的修改时，除首先访问修改的用户外其他用户界面应只读且显示记录正在被修改。 测试方法： （1）分别在不同的工作站打开电网模型数据维护界面； （2）选择同一个参数进行修改； （3）检查后进行修改的工作站是否对该参数设置成只读	支持锁定维护

序号	测试项目	测试内容	关键点
5	并发维护	技术要求： 支持对同一种数据类型的不同记录的同时修改维护，方便多个维护人员同时维护。 测试方法： （1）分别在不同的工作站打开电网模型数据维护界面； （2）选择同一表中两条不同的数据记录进行修改； （3）检查是否能够同时进行维护，互不影响	支持对同一种数据类型的不同记录的同时修改维护
6	维护工具	技术要求： 系统应提供工具和图形界面以灵活、方便地定义新对象，包括其属性、属性显示、告警和用户对话框。 测试方法： 检查系统是否可以提供人机界面进行属性修改等其他设置操作	具备维护工具的人机界面
7	文件导出	技术要求： 具有在线数据库导出的功能，导出的数据文件能采用 Excel 电子文档编辑。 测试方法： （1）检查能否选择某个表进行导出，格式为 CSV 或 XLS 格式； （2）将导出数据利用 Excel 进行打开，检查导出数据是否正确	可导出 CSV 格式或 XLS 格式的数据文件

2）实时数据库管理（见表 5-10）。

表 5-10　　　　　　　　实时数据库管理测试项目、测试内容及关键点

序号	测试项目	测试内容	关键点
1	可维护性	技术要求： 应提供数据库维护工具和图形界面，以便用户在线监视、增减和修改数据库内的各种数据。 测试方法： （1）检查是否提供修改实时库中数据的工具或图形界面； （2）修改实时库中部分电网运行数据进行测试	可修改实时数据库
2	并发操作	技术要求： 应允许不同任务对数据库内的同一数据进行并发访问，要保证在并发方式下数据库的完整性和一致性。 测试方法： （1）检查不同应用能否独立取实时库数据断面； （2）检查当修改实时库数据后，应用再取新的断面应跟随变化； （3）检查一个应用修改所用断面数据集，其他应用是否不受影响	可并发访问同一数据
3	有效性检查	技术要求： 应提供数据库存取和操作的安全服务，具有检查数据有效性的能力，任何无效的数据都不应接受。 测试方法： （1）修改实时数据库时检查能否写入无效数据； （2）检查实时数据库对无效数据是否提示； （3）检查实时数据库是否提供合理数据范围	实时库具备有效性检查
4	SQL 支持	技术要求： 应支持 SQL 标准，用户能够使用标准 SQL 语言访问实时数据库。 测试方法： （1）检查能否使用 SQL 语言访问实时库； （2）集成商提供实例，如 Select 和 Alert 语句	支持 SQL 标准语言

序号	测试项目	测试内容	关键点
5	统计功能	技术要求： 具有统计实时库点遥信、遥测、遥控、计算点等点数的功能。 测试方法： （1）检查是否提供实时库中遥信点数统计； （2）检查是否提供实时库中遥测点数统计； （3）检查是否提供实时库中遥控点数统计； （4）检查是否提供实时库中计算点数统计	具有统计实时库点遥信、遥测、遥控、计算点等点数的功能

3）历史数据库管理（见表 5-11）。

表 5-11　　　　历史数据库管理测试项目、测试内容及关键点

序号	测试项目	测试内容	关键点
1	历史数据库管理功能	技术要求： 系统应提供系统管理工具和软件开发工具进行维护、更新和扩充数据库的使用。 测试方法： （1）查看历史数据库管理工具人机界面； （2）检查能否支持增加表等功能； （3）检查能否支持扩充字段等功能； （4）检查能否支持历史数据库备份功能； （5）检查能否提供对历史数据查询	数据库可维护、扩充、更新
2	周期性保存	技术要求： 历史数据应周期性地保存，每个实时数据库和应用软件数据库中的数据点都可以指定一个保存历史数据的间隔时间。 测试方法： （1）检查对于每个模拟量都能分别设置保存周期； （2）检查对于非遥测量是否能设置保存周期	每个数据点可指定数据保存周期
3	历史重演	技术要求： 历史库可以用于电网历史工况的重演。 测试方法： 检查是否能够将历史库中任意一段历史数据用于 PDR 反演	可将历史库中任意一段数据进行反演
4	数据类型支持	技术要求： 历史数据库中的数据类型至少包括以下内容： （1）测量数据； （2）统计计算数据； （3）状态数据； （4）事件/告警信息； （5）事件顺序（SOE）信息； （6）带质量标签的数字值报告。 测试方法： （1）检查历史数据库中是否能存储终端及 EMS 传送所有类型的量测； （2）检查能否存储各类统计计算数据； （3）检查能否存储各类遥信数据； （4）检查能否存储各类事件/告警信息； （5）检查能否存储事件顺序（SOE）信息； （6）检查能否存储带质量标签的数字值报告	数据类型齐全

续表

序号	测试项目	测试内容	关键点
5	采样数据完整性	技术要求： 　更改历史数据采样周期后，应能立刻触发采样，不应出现数据丢失的情况。 测试方法： （1）选择某一个采样点将其采样周期设为 a； （2）修改采样周期改为 b，检查是否立刻更改采样周期，以 b 为间隔保存历史数据	采样周期修改后立即生效
6	历史库接口	技术要求： 　系统应提供读写历史数据库的接口，并提供对历史数据库的数据操作工具包。 测试方法： 　供应商应提供历史数据库访问的接口函数表及使用说明	提供接口函数
7	计算公式定义	技术要求： 　可进行加、减、乘、除、三角、对数等算术运算，也可进行逻辑和条件判断运算。用户可以自定义计算公式。系统提供了方便、友好的界面供用户离线和在线定义计算量和计算公式。 测试方法： （1）检查是否支持加、减、乘、除等常用运算符； （2）检查是否支持三角函数、对数等常用运算符； （3）检查是否支持逻辑计算； （4）检查是否支持条件运算； （5）检查是否可通过用户自定义完成复杂逻辑的运算； （6）检查是否提供计算公式定义工具人机界面	计算公司可自定义
8	公式计算启动条件	技术要求： （1）按定义的周期时间完成计算； （2）数值变化时启动相关的计算量进行计算； （3）定时启动计算； （4）人工启动计算。 测试方法： （1）检查能否指定某个计算量的计算周期按时间间隔进行计算（侧重检查周期性）； （2）检查数值变化时能否触发进行某个计算量的计算； （3）检查能否设定某个时间段触发定时启动计算（侧重检查指定未来时间点，是否启动一次或多次不考察）； （4）检查能否人工启动某个计算量的计算	可指定未来某一时刻启动计算
9	常用的标准计算	技术要求： （1）绝对值计算； （2）电压合格率计算； （3）最大值、最小值、最大值出现时间、最小值出现时间、平均值统计； （4）负荷积分近似电量计算。 测试方法： （1）检查是否支持绝对值计算； （2）检查是否支持电压合格率计算； （3）检查是否提供最大值、最小值、最大值出现时间、最小值出现时间； （4）检查是否提供平均值统计； （5）检查是否提供负荷积分近似电量计算	全部满足技术要求最值计算标准

131

序号	测试项目	测试内容	关键点
10	统计处理	技术要求： 可对时、谷、峰、日、旬、月、季、年，典型时、日、月各时段及用户自定义时段的历史数据进行统计。统计的数据包括最大值、最小值、平均值、最大最小值时刻、不合格时间、波动率、合格率等。 测试方法： （1）检查能否自定义时间段对历史数据进行统计（典型时段可由自定义时间段实现）； （2）检查统计结果是否包含最大值、最小值、平均值、最大最小值时刻等数据； （3）检查能否统计遥测数据的不合格时间； （4）检查能否统计波动率； （5）检查能否统计合格率	全部满足技术要求的时段统计要求
11	停电统计	技术要求： 可统计任一时段、任一区域内各电压等级线路的停电次数；可对线路停电造成的停供电量进行估算。 测试方法： （1）检查系统是否支持按时间段统计停电次数； （2）检查系统是否支持按区域统计停电次数； （3）检查系统是否支持对停电损失电量进行估算	支持分时段、分区域统计停电次数及损失电量
12	累计处理	技术要求： 可对时、谷、峰、日、旬、月、季、年，典型时、日、月各时段及用户自定义时段的历史数据进行累计。 测试方法： 检查系统是否支持对用户自定义时段的遥测数据进行累计计算	全部满足技术要求的时段统计要求
13	考核界面	技术要求： 可根据考核要求，对电压合格率、供电可靠性等进行考核统计计算并提供灵活、方便的界面。 测试方法： 检查系统是否提供工具可按照公司配网运行考核要求对配网运行数据进行考核。 考核公式可由用户自定义	具备考核界面，可对考核公式进行自定义
14	在线维护	技术要求： 能在线修改某计算量的分量及计算公式，并能在线增加计算点。 测试方法： （1）检查能否在线修改计算分量和计算公式； （2）检查能否在不影响其余计算点计算的情况下在线增加计算点	可增加计算点

4）时间序列数据库（见表 5 – 12）。

表 5 – 12　　　　　　时间序列数据库的测试项目、测试内容及关键点

序号	测试项目	测试内容	关键点
1	与关系库的自动对应	技术要求： 能够通过 CIM 模型实现关系型数据库和时间序列数据库之间存储的自动对应。 测试方法： 在应用中查询时序库中的历史曲线	支持在应用中查询数据库的历史曲线

续表

序号	测试项目	测试内容	关键点
2	保存、读取和查询	技术要求： 能够满足 DMS 系统所有电网运行数据的实时保存、读取和查询的功能需要。 测试方法： （1）查看遥测数据是否成功保存在时序库中； （2）打开时序库，查询相关数据； （3）在应用中查看时序库中的数据	时序库可保存、读取和查询数据
3	分布式结构	技术要求： 系统支持多服务器、多客户端分布式结构，数据库的数据可以分布存放在不同的区域（磁盘）。 测试方法： 查看时序库中的数据是否可分区存储	时序库数据支持分区存储
4	存储容量可扩展性	技术要求： 当主站系统有新增数据接入时，只需增加数据库服务器的存储容量，而不需要进行任何软件方面的扩容。 测试方法： 新建相应数据表进行扩容验证	是否支持存储容量扩容
5	点数配置可扩充性	技术要求： 时间序列数据库点数配置必须能够实现在线的灵活扩充，对数据库点数等的各种配置操作不能影响系统的实时在线运行。 测试方法： 打开时序库配置界面，扩展数据库点数	支持时序库点数配置
6	系统透明度	技术要求： 数据库系统具有良好的透明度和二次开发能力，各系统功能应用不能因数据库的使用而受到限制，同时可方便地对数据库进行维护、开发和利用。 测试方法： 查看函数接口文档	提供接口文档
7	数据交换	技术要求： 数据库能通过隔离装置将相应内容镜像到外网。 测试方法： 在Ⅲ区查看时序库中的数据	支持跨隔离传输数据
8	数据镜像和数据复制功能	技术要求： 数据库所有的实时数据处理模块、历史数据处理模块具备数据镜像和数据复制功能。 测试方法： 打开时序库，检查数据镜像是否与源数据一致	支持数据镜像与源数据一致
9	身份验证	技术要求： 提供基于操作系统和实时数据库的双重用户的身份验证，确保实时数据库系统安全稳定可靠运行。 测试方法： （1）检查登录时序库的操作系统是否需要身份验证； （2）检查登录时序库是否需要身份验证	检查是否支持双重身份验证
10	自诊断	技术要求： 数据库系统能对其运行状况进行自诊断，并具备对故障的自动恢复能力。突然断电后，系统具备无需配置重新启动的功能。 测试方法： （1）对时序库断开电源； （2）重新启动查看是否可以无需配置直接使用	支持断电重启无需配置可使用

续表

序号	测试项目	测试内容	关键点
11	数据备份	技术要求： 数据库具备方便的数据备份功能，且同时支持当地备份手段和网络备份手段。 测试方法： （1）从服务器登录进入时序库，对数据库进行备份； （2）从工作站登录进入时序库，进行备份	支持本地备份和网络备份
12	客户端	技术要求： 配置相应的客户端，能实时浏览实时趋势曲线、历史曲线、系统报警等信息，并能够通过客户端对系统进行相关的系统配置等。客户端数量没有数量上的限制。 测试方法： （1）打开客户端，检查数据曲线； （2）模拟时序库故障，检查系统故障报警信息	支持从客户端查看数据曲线，系统报警信息
13	二次开发工具和文档	技术要求： 提供系统二次开发所需的各种工具和文档（包括 SDK、API 等软件包），以方便用户进行项目的后续开发。 测试方法： （1）检查 SDK 开发文档； （2）检查 API 开发文档	检查 SDK、API 等开发文档
14	报表定义	技术要求： 允许用户方便的自定义各类报表，进行各类数理统计、分析及计算等。对存储在数据库中的所有数据，通过客户化的用户定制可以方便地实现报表的制作、保存、浏览以及打印等。 测试方法： 打开报表界面，利用时序库的数据编制一份报表	支持报表统计、分析、计算功能

（3）系统管理（见表 5-13）。

表 5-13 系统管理测试项目、测试内容及关键点

序号	测试项目	测试内容	关键点
1	权限管理	技术要求： （1）提供按权限进行访问控制的功能。应有责任区、角色的划分，有完善的用户名及密码管理措施； （2）至少应有 5 个等级权限。 测试方法： （1）检查登录系统管理是否需要用户认证； （2）检查不同权限用户登录系统管理的可用权限是否有区别； （3）检查非授权用户是否无法对系统管理进行操作； （4）分别设置五个不同等级权限进行操作，验证权限级别对使用者的控制范围	（1）具备责任区、角色的划分； （2）具有 5 个以上等级权限
2	系统资源管理	技术要求： 能够实现 I、III 区系统（Web）内的所有计算机 CPU 资源、设备状况、存储资源、网络资源、系统进程的监测和告警，对网络交换机等设备的工况及网络流量等进行监视。 测试方法： （1）在系统配置图或系统资源管理界面查看相应资源数据； （2）检查 I 区各服务器 CPU 资源情况； （3）检查 I 区各服务器磁盘使用率情况； （4）检查 I 区各工作站 CPU 资源情况； （5）检查 I 区各工作站磁盘使用率情况；	支持监控全部硬件资源

续表

序号	测试项目	测试内容	关键点
2	系统资源管理	（6）检查Ⅰ区磁盘阵列使用率情况； （7）检查Ⅲ区各服务器 CPU 资源情况； （8）检查Ⅲ区各服务器磁盘使用率情况； （9）检查Ⅲ区磁盘阵列使用率情况； （10）检查Ⅰ区主干网交换机网络负载情况； （11）检查Ⅰ区延伸网交换机网络负载情况； （12）检查Ⅰ区采集网交换机网络负载情况	支持监控全部硬件资源
3	备份管理	技术要求： 自动备份系统数据库，数据库故障时可进行快速恢复数据库。 测试方法： （1）检查是否提供数据库的自动和手工备份工具； （2）检查是否实现数据库的恢复	支持自动数据库备份
4	日志管理	技术要求： 对重要事件如开关操作、系统故障都记录保存，并可方便地进行查询。 测试方法： （1）模拟开关操作，系统故障； （2）检查是否在系统中保存相关记录	支持日志管理查询
5	终端管理	技术要求： 配电网自动化终端参数查询、设置、设备初始化，可远程升级终端软件及对终端进行维护。可进行批量自动维护或升级。 测试方法： （1）检查系统是否提供针对集成商生产的配电网自动化终端进行远程维护的工具； （2）检查是否支持查询配电网自动化终端相关参数； （3）检查是否支持对配电网自动化终端参数进行设置； （4）检查是否可对配电网自动化终端进行初始化； （5）检查远程维护是否能支持对多个终端批量、逐个的可定制的自动维护或升级	可对同一厂家的配网终端进行管理
6	终端统计	技术要求： 可监视、统计终端运行状况，提供终端状态维护表并建立相应的维护记录。 测试方法： （1）检查主站是否提供监视终端运行状况的工具； （2）检查是否支持显示配电网自动化终端当前运行工况	支持分时段、分区域统计终端在线率情况

（4）人机会话（见表 5-14）。

表 5-14　　　　人机会话测试项目、测试内容及关键点

序号	测试项目	测试内容	关键点
1	多屏显示	技术要求： 提供跨平台、跨应用的通用图形平台，支持多屏显示，每台显示器可独立实时处理各种图形和多窗口信息。 测试方法： （1）在一类工作站上（双 DVI 显卡输出接口）接入双显示屏； （2）检查是否支持扩展的多屏工作模式	支持多屏显示

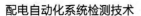

序号	测试项目	测试内容	关键点
2	多种显示方式	技术要求： 支持图形多窗口、无级缩放、漫游、分层分级显示。 测试方法： （1）检查是否支持在1台工作站上的1个显示器上开启多个调度员图形窗口界面； （2）检查能否任意设定缩放比例对图形进行放大和缩小展示； （3）检查是否具有图形窗口漫游功能； （4）检查能否支持人工设置分层分级显示模式进行展示	支持多窗口、分层分级显示
3	设备查询定位	技术要求： 具有设备快速查询和定位功能。 测试方法： （1）提供查询窗口系统所有画面的设备进行查询； （2）对查询到的设备能够进行自动定位	可定位查询设备并推图
4	动态着色	技术要求： 支持网络拓扑和动态着色，支持基于故障指示信号的故障区域着色，支持指定显示屏事故推图、事项告警。 测试方法： （1）通过开关分合置位改变配网网络拓扑结构，检查是否支持动态着色； （2）通过模拟上送故障指示器信号，检查是否支持故障区域定位的动态着色功能； （3）检查是否支持基于故障指示器的事故推图功能	（1）网络拓扑和动态着色正确； （2）可指定显示屏推图及事项告警； （3）支持基于故障指示器的故障区域着色
5	数据操作	技术要求： 可根据需要设置、闭锁各种类型的数据，支持设备挂牌、人工置数等操作。 测试方法： （1）检查能否对遥信进行人工置位； （2）检查能否对遥测进行人工置数； （3）检查能否对设备进行挂牌操作； （4）检查能否对间隔（或线路）进行挂牌操作； （5）检查挂牌能否实现对遥测遥信数据的闭锁； （6）检查能否手工对任意遥测遥信点进行闭锁	可挂牌、闭锁、人工置数、置位
6	质量标志颜色	技术要求： 系统数据按数据质量标志的不同以用户自定义颜色显示。 测试方法： 检查系统是否提供人机界面对不同数据质量的数据给予不同颜色的显示	支持多种质量标志颜色
7	动态表格	技术要求： 终端、通信与主站各类设备运行状态能用特定的颜色和表格动态显示。 测试方法： 绘制人工置位开关表（或置数表等），操作某开关进行人工置位，检查表格是否自动增加该开关	表格内容是否可以根据生成表格的条件自动增减
8	调图方式	技术要求： 具有灵活方便多样的调图方式。 测试方法： 检查是否支持快捷键调图，拼音调图等多种调图方式	可热键或拼音调图
9	系统启停	技术要求： 启停某一通道、某一任务的运行。 测试方法： （1）在前置管理界面检查是否支持启停某一通道的功能； （2）在系统管理界面检查是否支持启停某一进程的功能	可启停某一通道、某一任务

续表

序号	测试项目	测试内容	关键点
10	挂牌定义	技术要求： 挂牌的类型和显示的信息应具备自定义功能，用户可在线增加或减少挂牌的类型。 测试方法： （1）检查系统是否支持自定义挂牌类型； （2）检查系统是否支持对挂牌显示的信息应具备自定义功能	自定义挂牌可配置相关逻辑
11	帮助功能	技术要求： 系统包括一个"帮助"功能，该功能采用中文，具有足够的信息指导用户进行系统及其每个应用功能的正常操作而无需求助于打印的用户手册。系统提供"工具"使用户的程序员能编辑和增加"帮助"文本和画面。 测试方法： （1）检查系统是否有帮助功能模块； （2）检查系统帮助功能模块内容是否涵盖自动化、配网调度人员的常用功能； （3）检查帮助内容是否采用中文显示； （4）检查帮助功能是否可编辑维护	帮助内容可检索

（5）报表功能（见表 5－15）。

表 5－15　　　　　　　　　报表功能测试项目、测试内容及关键点

序号	测试项目	测试内容	关键点
1	报表权限控制	技术要求： 用户按设定权限访问报表。 测试方法： （1）检查使用报表应用是否需要进行权限认证； （2）检查是否对不同权限认证提供不同的操作许可功能，如部分用户可以查看报表但不能修改，部分用户可以查看并修改报表； （3）检查能否针对不同的报表提供权限认证功能，部分关键报表只有特定的用户能够访问	可设置报表权限
2	报表文件格式	技术要求： 报表兼容 Excel 等格式。 测试方法： （1）检查能否见报表导出成 Excel 或 CSV 文件； （2）在便携式计算机上利用 Excel 软件打开报表并进行查看，检查是否与报表应用数据一致	报表兼容 Excel 等格式
3	图文混排	技术要求： 报表生成和维护支持中文和图文混排。 测试方法： （1）检查能否在报表中插入曲线、柱状图、饼状图等； （2）检查能否在报表中插入 jpg 或 png 格式的图片文件，如南方电网 Logo 图片或普通照片	可插入外部图片进行图文混排
4	数据来源选择	技术要求： 能采用不同来源的数据生成报表。 测试方法： 检查报表功能是否能选择数据库中任一数据作为来源	报表数据源可选择
5	按时间段生成	技术要求： 能够按照用户指定的时间段生成报表。 测试方法： 检查报表应用能否按用户指定的时间段自动生成报表	报表生成可指定时段

续表

序号	测试项目	测试内容	关键点
6	报表日志管理	技术要求: 具备报表日志管理功能。 测试方法: (1) 检查对报表生成是否留有日志供审计; (2) 检查用户登录报表应用是否留有日志供审计; (3) 检查用户查看某些报表是否留有日志供审计; (4) 检查用户修改某些报表数据是否留有日志供审计; (5) 检查用户修改报表模板是否留有日志供审计	具备报表日志

（6）系统时钟和对时（见表 5-16）。

表 5-16　　　　　　　系统时钟和对时测试项目、测试内容及关键点

序号	测试项目	测试内容	关键点
1	时钟信号正确性验证	技术要求: 对接收的时钟信号正确性具有安全保护措施。 测试方法: (1) 检查对于时钟信号处理功能的各项设置,如数据合理性设置等; (2) 利用报文模拟软件向主站上送模拟时钟信号,检查系统对时钟信号的处理能力	时钟信号处理功能具备合理性设置
2	终端对时	技术要求: 可人工设置系统时间,定时(用户可调)对配电子站、配电终端对时。 测试方法: (1) 检查是否可对主站系统各节点对时方式选择采用时钟同步装置数据或是采用人工设置方式; (2) 人工设置主对时节点系统时间,检查其余节点是否正确对时; (3) 下发终端对时命令,在前置查看对时报文是否正确	可与终端、子站对时

（7）打印功能（见表 5-17）。

表 5-17　　　　　　　　打印功能测试项目、测试内容及关键点

序号	测试项目	测试内容	关键点
1	打印触发	技术要求: 支持定时打印各种实时和历史报表,定时打印时间可调整设定。支持召唤打印各种实时和历史报表,支持报表批量打印。 测试方法: (1) 设定定时打印时间,检查是否能定时打印; (2) 检查能否支持如出现配网事故跳闸时启动打印功能; (3) 检查能否支持批量打印功能	可定时打印、触发打印、批量打印

续表

序号	测试项目	测试内容	关键点
2	事项图表打印	技术要求： 支持实时打印各种电网事项和系统事项，召唤打印历史事项。支持各类电网图形、监控图形、统计信息图表、统计查询结果、参数表打印，支持屏幕硬拷贝打印。 测试方法： （1）检查能否打印实时电网事项； （2）检查能否打印实时系统事项； （3）检查能否选择历史事项进行打印； （4）检查能否打印电网图形； （5）检查能否打印各种统计信息图表； （6）检查能否对数据库各项表格进行打印； （7）检查能否对屏幕硬拷贝进行打印	打印类型包含但不限于技术要求

（8）与 GIS 系统数据交互接口测试（见表 5－18）。

表 5－18　　　　与 GIS 系统数据交互接口测试的测试项目、测试内容及关键点

序号	测试项目	测试内容	关键点
1	SVG 文件导入	技术要求： 系统支持从 GIS 系统导入 SVG 图形文件。 测试方法： （1）检查是否支持导入局方提供的广东电网 GIS 平台导出的 SVG 图形文件； （2）检查导入后的 SVG 图形文件的矢量图形（包括直线、曲线在内的图形边）、点阵图像和文本等信息是否与导入前一致	GIS 系统的 SVG 导入后可正常显示
2	CIM 文件导入	技术要求： 系统支持从 GIS 系统导入 CIM 模型文件。 测试方法： （1）检查是否支持导入局方提供的广东电网 GIS 平台导出的 CIM 模型文件； （2）检查导入后的 CIM 模型文件的属性和拓扑关系等信息是否与导入前一致	GIS 系统的 CIM 模型导入后无错误
3	地理空间位置信息导入	技术要求： 系统支持从 GIS 系统导入地理空间位置信息。 测试方法： 检查是否支持从 GIS 系统导入地理空间位置信息	可导入地理空间位置信息
4	图形类型支持	技术要求： 配网主站系统通过 GIS 系统获取中压配电网的单线图、地理图、线路地理沿布图、网络拓扑等。 测试方法： （1）检查配网主站系统是否支持通过 GIS 系统获取单线图； （2）检查配网主站系统是否支持通过 GIS 系统获取地理图； （3）检查配网主站系统是否支持通过 GIS 系统获取线路地理沿布图	可导入单线图、地理图、沿布图
5	图形显示	技术要求： 配网主站系统从 GIS 系统导入的电气图显示正常，各电气元件位置正确，元件之间连接是否正常。 测试方法： （1）检查图形中各电气元件位置是否正确； （2）检查图形中各电气元件之间的连接是否断开； （3）检查图形中各电气元件之间的拓扑关系是否正确； （4）检查图形中各电气元件的三遥及事项数据显示是否正确	导入后图形显示正确无误

序号	测试项目	测试内容	关键点
6	量测设置	技术要求： 具备自动生成量测功能，并可选择生成量测的部件类型、字体、颜色、坐标。 测试方法： （1）检查系统是否支持自动生成量测功能； （2）检查系统是否具备设置生成量测的部件类型、字体、颜色、坐标等参数功能； （3）测试转图中自动生成量测功能	导入图模后可自动生成量测
7	设备标注	技术要求： 具备自动生成设备标注功能，并可选择生成标注的部件类型、标注尺寸、坐标。 测试方法： （1）检查系统是否支持自动生成设备标注功能； （2）检查系统是否具备设置生成标注的设备类型、标注尺寸、坐标等参数功能； （3）测试转图中自动生成设备标注功能	导入图模后可自动生成设备标注
8	全图模导入	技术要求： GIS 系统提供的全部图模已导入，可供正常使用。 测试方法： 检查 GIS 系统提供的全部图模是否已正常导入使用	导入供电局全部地区的单线图

（9）与调度 SCADA/EMS 系统数据交互接口测试（见表 5−19）。

表 5−19　与调度 SCADA/EMS 系统数据交互接口测试的测试项目、测试内容及关键点

序号	测试项目	测试内容	关键点
1	SVG 文件导入	技术要求： 系统支持从调度 SCADA/EMS 系统导入 SVG 图形文件。 测试方法： 检查是否支持导入局方提供的 EMS 系统导出的 SVG 图形文件； （2）检查导入后的 SVG 图形文件是否标准正确； （3）检查导入后的 SVG 图形文件的矢量图形（包括直线、曲线在内的图形边）、点阵图像和文本等信息是否与导入前一致	GIS 系统的 SVG 导入后可正常显示
2	CIM 文件导入	技术要求： 系统支持从调度 SCADA/EMS 系统导入 CIM 模型文件。 测试方法： （1）检查是否支持导入局方提供的 EMS 系统平台导出的 CIM 模型文件； （2）检查导入后的 CIM 模型文件是否标准正确； （3）检查导入后的 CIM 模型文件的属性和拓扑关系等信息是否与导入前一致	GIS 系统的 CIM 模型导入后无错误
3	图形类型支持	技术要求： 配网主站系统通过调度 SCADA/EMS 系统获取高压配电网（包括 36～110kV）的网络拓扑、变电站图形、相关设备参数、实时数据和历史数据等信息。 测试方法： （1）检查配网主站系统是否支持通过 EMS 系统获取高压配电网（包括 36～110kV）的网络拓扑； （2）检查配网主站系统是否支持通过 EMS 系统获取变电站图形； （3）检查配网主站系统是否支持通过 EMS 系统获取相关设备参数； （4）检查配网主站系统是否支持通过 EMS 系统获取历史数据	配网主站可查看 EMS 系统的高压配电网的网络拓扑等信息

续表

序号	测试项目	测试内容	关键点
4	主配网模型拼接	技术要求： 配网主站系统应支持同时支持从 GIS 系统和调度自动化取得电网的网络模型，并在此基础上形成调配一体化的网络拓扑。 测试方法： （1）检查配网主站系统的 10kV 馈线出口开关是否实现主配网拼接； （2）检查拼接后的 10kV 馈线出口开关图元展示是否主配网一致； （3）检查拼接后的 10kV 馈线出口开关的拓扑关系是否主配网一致； （4）检查拼接后的 10kV 馈线出口开关是否支持遥信遥测置入，遥控操作等应用； （5）检查拼接后的 10kV 馈线出口开关是否支持查看遥信、遥测、遥控信息和相关保护信号、告警事项等信息； （6）检查配网主站是否支持查看主网电气接线图（可选）	10kV 馈线出线开关完成主配拼接
5	跨系统遥控	技术要求： 配网主站系统支持通过调度SCADA/EMS 系统下发10kV馈线出口开关的控制命令。 测试方法： 检查配网主站系统是否可以实现对 10kV 馈线出口开关进行遥控操作	（1）按标准遥控流程（选择、返校、执行）实现跨系统遥控； （2）跨系统遥控与 EMS 遥控不产生冲突，影响双方正常遥控操作
6	跨系统权限控制	技术要求： 支持调度 SCADA/EMS 系统与配网主站之间跨系统的命令传递及操作权限认证。 测试方法： （1）在调度 SCADA/EMS 系统进行权限配置，检查该权限控制是否在配网主站系统生效； （2）在配网主站系统进行权限配置，检查该权限控制是否在调度 SCADA/EMS 系统生效	配网主站可读取 EMS 的遥控权限

5.6　系 统 功 能 测 试

（1）系统平台。

1）画面功能（见表 5－20）。

表 5－20　　　　　　　　　画面功能的测试项目、测试内容及关键点

序号	测试项目	测试内容	关键点
1	字体	技术要求： 可用固定大小字体和随缩放功能变化的矢量字体。这一要求可用于中文字和其他字体。 测试方法： （1）检查系统是否支持固定大小字体，即在画面放大、缩小过程中保持字体大小不变，一般用于提示运行人员某种信息； （2）检查系统是否支持点阵字体； （3）检查系统是否支持矢量字体	是否支持随缩放功能变化的矢量字体

序号	测试项目	测试内容	关键点
2	数据显示	技术要求: 任何系统数据库中任何数据点的任何属性可被显示在任何画面的任何屏幕位置,数据点可以是遥测量、通过数据通信得到的量、人工输入量、计算量、历史数据或某个应用产生的量。 测试方法: (1)检查是否能在画面上任意位置放置时变信息; (2)检查该时变信息的数据源可取数据库中任意量	(1)是否支持从数据库中取出任意变化数据量; (2)是否能在画面上任意位置放置时变信息(含遥测量、遥信量、人工输入量、计算量、历史数据等)
3	画面编辑器	技术要求: 通过画面编辑器可以在画面上显示数据质量指示、标签、告警屏蔽指示及画面显示外观等。对数据的放置或数据的显示格式没有人为限制,从而使画面定义的方法不会因此受限制。 测试方法: (1)检查能否在画面上展示上送数据的质量标签; (2)检查能否在画面上给出告警屏蔽展示; (3)检查能否定义数据的显示格式,如人工定义有效位数等	(1)是否支持在画面上展示上送数据的质量标签; (2)能否在画面上给出告警屏蔽展示; (3)能否定义数据的显示格式

2)图形管理(见表 5-21)。

表 5-21 **图形管理的测试项目、测试内容及关键点**

序号	测试项目	测试内容	关键点
1	单线图管理	技术要求: (1)单线图是在地理图基础上生成的以线路为单位的接线示意图,系统能通过地理沿布图在用户交互操作方式下自动生成用户风格的单线图,并可进行储存、打印。单线图上只显示厂站、断路器、隔离开关、馈线段,保证画面简洁明了,并且能在一张单线图中显示一个区域内的多电源点供电情况。 (2)单线图中设备位置可通过整形工具手工进行调整,重要设备,系统自动标记出相关信息。 测试方法: (1)通过绘制手工绘制配网调度单线图验证; (2)检查绘图工具是否提供位置调整功能,可通过选择不同的对齐方式调整单线图中多个设备的位置	能否基于地理沿布图自动生成单线图并储存(必要的时候可以人工进行少量图形调整)
2	网络图管理	技术要求: 系统根据网络图的生成原则,基于电力线路沿布图及其拓扑关系,自动生成网络图。 测试方法: 检查能否支持导入 GIS 导出的含地理坐标信息的 gml 文件	是否支持导入 GIS 系统导出的含地理坐标信息的 gml 文件,生成网络图
3	地理图管理	技术要求: 系统平台可进行地理图的各种方法的显示,可将 GIS 系统导入的电子地图进行展示。 测试方法: (1)验证系统是否支持广东电网地理背景图导入(信息部提供的电子地图); (2)验证能否实现配网线路沿布图与地理背景图的坐标对应	(1)系统是否支持广东电网地理背景图导入(信息部提供的电子地图); (2)配网线路沿布图与地理背景图的坐标是否对应

序号	测试项目	测试内容	关键点
4	辅助功能	技术要求： 可以进行地理图的移动、缩放、鹰眼导航等操作，可以分层显示，可以在地理图上方便地对设备进行定位，并方便地显示设备的属性及各种参数、实时运行状态、上次停投运时间等信息。 测试方法： （1）检查是否支持鹰眼导航功能； （2）检查是否支持分层显示，在大范围内显示主网线路，放大后显示可视界面内的配网线路主干线，继续放大显示包含配网线路分支线路； （3）检查是否支持在地理信息图上进行设备定位查找； （4）检查是否支持某种方式（如 tip 方式）显示设备属性、当前运行状态、停投运时间等信息	（1）是否支持鹰眼导航功能； （2）是否支持分层显示，不同层之间通过放大、缩小能无缝切换； （3）是否支持在地理信息图上进行设备定位查找

（2）配电 SCADA 功能。

1）数据采集与处理（见表 5－22）。

表 5－22　　　　　　　　数据采集与处理的测试项目、测试内容及关键点

序号	测试项目	测试内容	关键点
1	规约支持	技术要求： 支持各种标准规约与配电终端进行通信，接收、处理不同格式的模拟量、数字量、电能量。 测试方法： （1）检查前置系统是否支持南方电网 104 规约； （2）检查前置系统是否支持平衡 101 规约； （3）检查前置系统是否支持非平衡 101 规约	是否支持南方电网 104、平衡 101、非平衡 101 规约
2	数据检测	技术要求： 具有错误检测和恢复功能，对接收的数据进行错误条件检查并进行相应处理。 测试方法： （1）检查前置系统对接收到的遥信数据的预处理功能； （2）检查前置系统对接收到的遥测数据的预处理功能； （3）检查数据预处理的各项参数是否可设置； （4）检查对于死数、坏数据的定义条件设置	前置系统对遥测、遥信数据是否具有预处理功能且预处理的参数是否可设置
3	通道统计	技术要求： 具备对通信通道、终端的监视、统计、报警和管理功能。 测试方法： （1）检查是否支持终端数据通道工况显示； （2）检查是否支持通道可用率统计； （3）检查是否支持通道误码率统计； （4）检查是否支持对通信质量较差的通道进行提示； （5）检查是否支持对通道上送数据流量进行统计	是否支持通信通道、终端的监视、统计、报警和管理功能
4	数据刷新	技术要求： 能够根据需要设定数据刷新周期，对系统采集信息进行召唤刷新。 测试方法： （1）检查能否设定数据刷新周期； （2）在前置报文界面查看采集信息的召唤报文； （3）检查召唤报文遥信与上次采集遥信不一致时的前置处理逻辑	是否能设定数据刷新周期，且能实时生效

序号	测试项目	测试内容	关键点
5	数据保存	技术要求： 具备根据设定周期定时或人工召唤配电终端保存的历史数据的功能。 测试方法： （1）检查能否对终端上送的遥测数据按照自定义的时间间隔存到历史数据库中； （2）检查能否对各种计算模拟量按照自定义的时间间隔存到历史数据库中； （3）检查历史数据保存时间周期能否在线修改	是否能设定周期定时或人工召唤配电终端保存的历史数据的功能
6	数据有效性	技术要求： 提供数据有效性检查和数据过滤，提供零漂处理功能，进行工程单位转换。 测试方法： （1）检查数据有效性检查设置阈值； （2）检查零漂处理设置阈值； （3）检查工程单位转换的系数和截距设置值	是否能对数据有效性检查、零漂处理、工程单位转换的系数和截距进行设置
7	限值检查	技术要求： 提供限值检查功能，并支持不同时段使用不同限值。 测试方法： （1）检查是否提供多级限值设置功能； （2）检查多级限值设置是否可关联不同的告警或事项； （3）检查是否支持限值的分时段设定	（1）是否提供多级限值设置功能； （2）是否支持限值的分时段设定
8	变化率检查	技术要求： 提供数据变化率的限值检查功能。 测试方法： （1）检查是否具备遥测数据变化率限值设置功能； （2）检查是否可根据不同的遥测点进行不同的变化率限值设置； （3）检查变化率限值设置是否可分时段进行设置	是否支持数据变化率的限值检查功能
9	统计功能	技术要求： 按用户要求定义并统计某些量的实时最大值和最小值。 测试方法： （1）针对某一遥测量检查能否统计实时最大值、最小值、平均值； （2）针对某一计算值检查能否统计实时最大值、最小值、平均值； （3）检查能否对某一数值统计偏差、方差等常用统计值	是否支持按用户要求定义并统计某些量的实时最大值和最小值
10	负载率计算	技术要求： 能够自动计算线路的负载率，并可在人机界面上排序显示。 测试方法： （1）检查能否对纳入统计的配网线路自动计算负载率； （2）检查能否在人机界面以列表的形式排序进行展示； （3）对于多次负载率越限的配网线路能否给出重点关注提示	是否能计算线路的负载率，并在人机界面上显示
11	不平衡告警	技术要求： 三相负荷（包括缺相）严重不平衡告警。 测试方法： （1）检查能否支持三相负荷监视； （2）检查能否设置阈值对三相负荷不平衡进行告警提示； （3）检查能否支持三相开关位置信号处理； （4）检查能否对缺相运行进行告警提示，其中缺相运行提示应与三相负荷严重不平衡区分	（1）能否支持三相负荷监视； （2）能否设置阈值对三相负荷不平衡进行告警提示； （3）是否能对缺相运行进行告警提示，且缺相运行提示应与三相负荷严重不平衡区分

续表

序号	测试项目	测试内容	关键点
12	遥信处理与辨识	技术要求： 能正确判断事故遥信变位和正常操作遥信变位；应具有"遥信误动作""遥信抖动"信号自动过滤的功能并告警提示，同时能自动辨识遥信的正确状态。 测试方法： （1）检查能否处理人工操作导致的遥信变位信号； （2）检查能否处理事故跳闸导致的遥信变位信号； （3）检查能否对遥信抖动自动过滤阈值进行设定； （4）检查能否对明显的遥信上送错误进行提示	（1）是否能识别事故遥信变位和正常操作遥信变位； （2）能否对遥信抖动自动过滤阈值进行设定
13	断电记录	技术要求： 记录并直观显示最近的断电时刻及断电时刻负荷数据。 测试方法： （1）查看系统是否断电记录功能，能记录断电时刻、复电时刻、停电时间； （2）查看是否记录停电时刻的负荷数据值	是否具有断电记录功能，且能记录断电时刻及断电时刻负荷数据
14	开关动作统计	技术要求： 能统计开关动作次数，当动作次数到达限值时报警。 测试方法： （1）查看能否直观显示开关的最新动作信息； （2）查看任一开关的动作次数； （3）查看能否对开关动作次数限值进行设置； （4）查看能否对开关动作次数的统计时间段进行设置； （5）通过模拟方式让开关动作次数达到设定值，查看是否给出提示告警	（1）是否能对任一开关的动作次数进行统计； （2）能否对开关动作次数值进行设置
15	状态设定	技术要求： 状态量可以人工设定，所有人工设置的状态量应能自动列表显示，并能从列表调出开关所在接线图。 测试方法： （1）任意选择电网运行的状态量，检查能否进行设置； （2）检查能否将人工设置的状态量以列表的形式显示； （3）检查能否通过在列表中选择某个状态量从而调出该状态量所在的图形	（1）是否可以人工设定状态量，且能将状态量以列表的形式显示； （2）能否通过在列表中选择某个状态量从而调出该状态量所在的图形
16	告警/操作屏蔽	技术要求： 对处于检修和不可用状态的开关进行告警屏蔽和遥控操作屏蔽。 测试方式： （1）检查是否具有屏蔽开关告警信息功能； （2）检查是否具有屏蔽开关遥控操作功能	（1）检查是否具有屏蔽开关告警信息功能； （2）检查是否具有屏蔽开关遥控操作功能
17	统计计算功能	技术要求： 提供有功功率总加、无功功率总加、电能量总加功能；提供电压合格率、越限时间累计计算、停电时间统计功能；能正确统计配电终端月停运时间、停运次数；提供开关设备的动作次数统计、事故跳闸统计功能；能正确统计遥控次数和遥控正确率；统计用户指定模拟量的日、月、年及自定义周期的最大、最小值及发生时间；停电时长、影响负荷电量、影响用户数等统计，停电性质统计；支持数据日无效时间统计。 测试方法： （1）检查是否具有各种模拟量总加功能； （2）检查是否具有电压合格率统计功能； （3）检查是否具有电压、电流越限时间累计计算功能； （4）检查是否具有停电时间统计功能； （5）检查是否具有配电网自动化终端日停运时间统计； （6）检查是否具有配电网自动化终端月停运此时统计； （7）检查是否具有开关操作次数统计；	是否符合技术要求中的相应的统计、计算功能

续表

序号	测试项目	测试内容	关键点
17	统计计算功能	（8）检查是否具有开关事故跳闸次数统计； （9）检查是否具有遥控成功次数统计； （10）检查是否具有遥控成功率统计； （11）检查是否具有停电时长统计； （12）检查是否具有停电影响负荷统计； （13）检查是否具有影响用户数统计； （14）检查是否具有停电性质统计功能； （15）检查是否具有最大最小值及其发生时间统计功能； （16）检查是否具有数据无效时间统计	是否符合技术要求中的相应的统计、计算功能

2）事项及告警处理（见表 5-23）。

表 5-23　　　　事项及告警处理的测试项目、测试内容及关键点

序号	测试项目	测试内容	关键点
1	事故推图	技术要求： 事故时自动调图，可根据需要设置事项打印、声光、推图以及语音报警等报警方式。 测试方法： （1）将某条配网线路开关事故跳闸设置为推图； （2）模拟事故跳闸信号； （3）检查是否进行推图； （4）检查能否对任意画面可设置条件进行推图； （5）检查能否设置事故打印相关告警信息； （6）能否给出闪烁、声音等告警提示	（1）是否能对配网线路开关事故跳闸设置为自动推图； （2）是否能设置事故打印相关告警信息；给出闪烁、声音等告警提示
2	告警分区分流	技术要求： 可以根据责任区及权限对报警信息进行分类、分流。 测试方法： （1）对某个告警信息设置应该归属的责任区； （2）分别用分属不同责任区的两个用户登录不同的工作站； （3）模拟触发该告警信息； （4）分别在不同用户工作站检查是否收到该告警信息	是否能对告警信息进行责任区划分，并进行验证
3	告警定制功能	技术要求： 可根据调度员责任及工作权限范围设置事项及告警内容，报警限值及报警死区均可以人机界面方式修改。 测试方法： （1）检查能否对告警信息内容进行定制； （2）检查告警信息定制是否提供人机界面； （3）检查报警限值及报警死区修改功能	是否能对告警信息内容、报警限值及报警死区通过人机界面进行定制
4	告警调用画面	技术要求： 通过告警窗中告警条快捷调用相应画面。 测试方法： （1）在告警窗中任选一条告警信息，检查能否通过单击调用相关画面； （2）在快捷告警条中选择当前告警信息，检查能否通过单击调用相关画面	是否能通过告警窗中告警条快捷调用相应画面
5	事项查询打印	技术要求： 事项信息可长期保存并可随时按指定条件查询、打印。 测试方法： （1）查看存储的历史事项； （2）检查能否按时间、按类别等条件过滤查询； （3）检查能否按选择打印历史事项	（1）事项信息是否可长期保存； （2）是否可按时间、类别等条件过滤查询及打印

序号	测试项目	测试内容	关键点
6	短信告警	技术要求: (1) 系统应配备专门的短信报警模块,对系统中的各种报警事项,可通过短信报警平台发送,将其发给特定的人员。 (2) 发送的事项类型、人员及每人发送时段等,均可进行灵活的设置。不同类型、责任区的报警信息可区分发给不同的负责人。 (3) 在将报警短信发送之后应可以设置是否需要接收者回复确认。如果启用此功能,若接收者在一定时间段内(此时间段长短可以设置)未给出回复后应继续发送报警短信,直到接收者恢复确认。 测试方法: (1) 选择某类告警信息,配置测试人员手机号码,模拟告警信号查看短信情况; (2) 检查能否配置发送短信的告警信息类型; (3) 检查能否配置发送时段; (4) 检查能否按照责任区进行短信发送; (5) 检查是否具有短信必须回复设置功能	(1) 是否配置了短信报警模块; (2) 所发送的事项类型、人员及每人发送时段等,是否可按所属责任区进行灵活的设置; (3) 是否具有收到短信后回复确认功能
7	语音告警	技术要求: (1) 语音告警采用自动语音合成技术,不需要录制语音文件,实现相应报警事项的自动语音报警,语音报警的事项类型和等级可以人工设定。 (2) 语音报警的语音和语调应可以灵活设置,语音播放顺序按照事项的优先级高低,高优先级插入优先播放。播放次数与轮流顺序可自定义。 (3) 语音报警必须能满足系统实时性的要求,播放内容包括线路、设备名称、事项内容、发生时间等,并可灵活添加、更改。 测试方法: (1) 配置某类告警的语音设置,模拟告警信号检查语音告警功能; (2) 检查是否能设置不同声音(男声、女声); (3) 检查是否能设置何种等级告警使用语音告警; (4) 检查是否能将高优先级别的告警信息提前播放; (5) 检查是否能自定义配置语音告警内容	(1) 语音告警是否采用自动语音合成技术; (2) 语音报警的事项类型和等级是否可以人工设定; (3) 是否能够设置何种等级告警使用语音告警; (4) 是否能够自定义语音告警的播放次数与顺序

3) 遥控功能(见表 5-24)。

表 5-24　　　　　　　遥控功能的测试项目、测试内容及关键点

序号	测试项目	测试内容	关键点
1	防误闭锁	技术要求: 遥控操作具有防误闭锁功能。 测试方法: (1) 检查进行遥控操作时是否进行基本的防误闭锁检验; (2) 如两端隔离开关与断路器操作顺序校验; (3) 带电合接地隔离开关校验	通过常见的防误闭锁逻辑测试遥控操作时是否进行基本的防误闭锁检验
2	双席监督	技术要求: 具备遥控双席监督功能。 测试方法: (1) 检查在对开关进行遥控操作时可配置双席监督; (2) 检查可指定监督人员; (3) 检查监督人员不通过时应拒绝遥控命令下发	(1) 是否具备双席监督功能; (2) 是否可以指定监督人员; (3) 监督人员若不通过时是否拒绝遥控命令下发

序号	测试项目	测试内容	关键点
3	遥控日志	技术要求： 每一步操作保存入库，可查询打印。 测试方法： （1）检查遥控操作的审计痕迹； （2）检查日志是否记录操作人员、时间、开关、执行情况； （3）检查日志是否记录监督人员的相关操作情况； （4）检查是否提供人机界面可进行查询打印	检查每一步操作所涉及的人员、时间、开关、执行情况等均应保存，可供查询打印
4	遥控完成检查	技术要求： 主站应及时显示遥控是否成功完成，并在失败时发出告警信息。控制完成周期可自定义。 测试方法： （1）检查在遥控命令下发后是否及时返回遥控执行情况信息； （2）检查遥控失败时的返回提示信息（通过规约模拟软件模拟遥控失败）； （3）检查是否可设置遥控的完成周期	（1）遥控命令下发后是否及时返回遥控执行情况信息； （2）遥控失败时是否返回提示信息； （3）是否可以设置遥控的完成周期
5	序列控制	技术要求： （1）能够根据用户请求、预定义、应用请求自动执行控制命令序列。 （2）序列控制能单步执行或自动按序执行，并可人工干预执行过程。 （3）执行失败时停止执行后续序列并告警，等候人工选择重试或终止执行。记录保存序列执行每一步骤的详细信息。 测试方法： （1）选择某条馈线上多个可控开关，配置序列控制检验； （2）配置单步执行方式查看序列控制效果； （3）配置自动执行方式查看序列控制效果； （4）查看能否在自动执行过程中停止序列控制； （5）检查执行失败时是否停止控制序列并告警； （6）检查序列控制的日志记录，应与普通单个控制日志记录有区别	（1）检查是否能配置多个可控开关的序列控制； （2）检查序列控制是否设置为单步执行和自动执行； （3）检查能否在自动执行过程中停止序列控制； （4）检查执行失败时是否停止控制序列并告警； （5）是否保存有序列控制的日志记录，并与普通单个控制日志记录有区别

4）分区分流功能（见表 5-25）。

表 5-25　　　　　　分区分流功能的测试项目、测试内容及关键点

序号	测试项目	测试内容	关键点
1	责任区设置	技术要求： 系统所有设备按所属区局的不同划分为不同的区局责任区域，区局责任区域下又划分更细颗粒度的责任区。这些责任区可以是所有终端，可以是部分终端集合，也可以是终端、自动化系统设备、通信系统设备的各种组合关系，这些都可以通过一个设置界面来方便、灵活地进行定义。 测试方法： （1）查看系统责任区设置工具，登录责任区设置工具需要有权限认证措施； （2）检查责任区设置按角色和用户进行配置； （3）检查应能按设备（或更粗粒度）进行责任区归属设置； （4）检查能否对自动化设备进行责任区设置	（1）是否配备有责任区设置工具； （2）责任区设置是否按角色和用户进行配置； （3）是否能按设备进行责任区归属设置

续表

序号	测试项目	测试内容	关键点
2	权限管理	技术要求： 　　责任区的定义还和用户权限管理模块相结合。每个用户定义该用户所属的责任区；每个责任区内定义一个责任区组长，该组长的身份由监控系统的系统管理员确认和指定；组长可以设置属于该责任区内的每个组员的权限，但不能更新自己的权限；每个用户定义其可以登录的结点。这样，用户和结点关联，结点又和责任区关联，用户就只能在自己所在责任区的结点范围内工作。 测试方法： 　　（1）检查低权限的用户登录责任区设置模块只能修改所属自己责任区的内容； 　　（2）检查低权限的用户不修改高权限用户责任区配置； 　　（3）检查责任区能否定义组长，组长能够管理该责任区内其余用户的权限； 　　（4）能对主站各节点设置责任区，对不归属责任区的用户无法登录某些应用节点	（1）责任区能否与用户权限相关联； （2）责任区是否能设置组长
3	分区管理	技术要求： 　　系统操作员登录系统后，可以对自己所属的设备进行管理、维护和监控，系统的所有输出信息也只是被输出至有相关权限的人员，无关的画面、告警、数据等都不会出现在该工作站画面，避免系统操作维护人员被大量无关信息干扰。 测试方法： 　　（1）在责任区管理工具中建立测试用户； 　　（2）通过模拟一些配网告警事项和一些系统告警事项检查是否会收到不属于自己责任区的信息； 　　（3）检查不属于测试用户责任区的图形是否不能打开	通过模拟告警事项等方式测试不同登录人员是否能只接收来自本责任区的信息
4	分流管理	技术要求： 　　遥控、置数、封锁、挂牌等操作也只对责任所属区域内的设备有效，画面上不属于该责任区域的设备的信息将被消隐或者屏蔽。 测试方法： 　　（1）在同一张配网调度图形中配置部分设备归属到测试用户的责任区； 　　（2）检查测试用户对不属于自己责任区的设备是否无法遥控、置数、封锁、挂牌； 　　（3）通过模拟软件上送不属于测试用户责任区设备的部分事项，查看是否进行消隐和屏蔽	通过模拟遥控、置数等方式测试系统是否只能操作及接收来自本责任区的信息

5）系统多态功能（见表 5-26）。

表 5-26　　　　　　　　系统多态功能的测试项目、测试内容及关键点

序号	测试项目	测试内容	关键点
1	多态支持	技术要求： 　　系统应具备实时态、测试态、研究态等运行方式的功能，可进行终端信息的调试和系统功能的调试，而不会对正常的系统功能产生影响，并且可以在实时运行状态、测试态、研究态间进行相互切换。 测试方法： 　　（1）检查系统实时态与研究态的切换； 　　（2）检查系统能部署除实时态的多个其余态； 　　（3）检查系统在研究态下的任何操作不影响实时态的应用； 　　（4）检查系统在研究态能方便地获取实时态的实时数据断面； 　　（5）检查系统能一键切换研究态与实时态； 　　（6）检查系统实时态与研究态有明显的区分标志（如水印）	（1）检查系统能否部署实时态、测试态、研究态的功能，且能方便地进行切换； （2）在非实时态下的操作是否不会影响实时态； （3）实时态与非实时态是否有明显的标志

序号	测试项目	测试内容	关键点
2	测试态功能	技术要求： （1）在测试态下，支持终端信息的接入、数据库、画面的更新和测试及系统功能模块的开发调试。所有调试信息只在相关工作站显示而不影响系统的正常运行。 （2）调试信息进入数据库存储应有特定的调试标识，不应与正常运行信息混淆。 （3）经过调试、测试证明准确无误后的程序、数据库、画面等可以保存到实时运行系统中。 测试方法： （1）检查系统是否提供测试态供系统模型参数的修改测试； （2）检查在测试态下对系统模型的修改不影响实时态的任何功能； （3）检查经过测试态确认的电网模型能覆盖实时态中替换原有模型参数	（1）是否提供测试态供系统模型参数的修改测试； （2）在测试态下对系统模型的修改是否影响实时态的任何功能； （3）经过测试态确认的电网模型是否能覆盖实时态中替换原有模型参数
3	研究态功能	技术要求： 在研究态下，系统可以对系统的运行状态进行模拟测试。可以随时动态切换某个节点进入某个研究态，调出某个时段的电网模型及PDR数据，进行事故反演，分析。 测试方法： （1）检查系统的任意节点是否都能部署研究态功能； （2）检查系统研究态能进行PDR应用； （3）检查不同节点研究态应用调用同一个PDR反演是否互不影响	（1）系统的任意节点是否都能部署研究态功能； （2）研究态能否进行PDR应用； （3）不同节点研究态应用调用同一个PDR反演是否互不影响

6）事故追忆与重演（见表5-27）。

表5-27　　　　　　　　事故追忆与重演的测试项目、测试内容及关键点

序号	测试项目	测试内容	关键点
1	全息追忆功能	技术要求： 应保存所有电力系统的全部数据点的数据。能提供至少10天的全息事故追忆，可在人工选择将其中某一时段的内容存储到历史数据库中（记录连续变化的系统全部数据，可以反演事故前后系统的实际状态）。 测试方法： （1）检查系统是否能保存电网运行全部数据，要求最大可设置保存10天的全部运行数据，并可根据磁盘容量人工配置滚动保存天数； （2）检查系统PDR是否可设置事故前和事故后保存数据的容量； （3）检查能否人工开启PDR对感兴趣的电网运行信息进行保存； （4）检查能否挑选滚动全息追忆的某段数据，人工保存的反演案例	（1）系统是否能保存电网运行全部数据，包含所有的数据和事项； （2）是否可以人工选择将其中某一时段的内容存储到历史数据库中
2	触发事件定义	技术要求： 数据和触发事件可以由用户定义，触发事件及其相关的数据应保存到历史数据库中。变化的网络模型和画面应保存到历史数据库中。 测试方法： （1）检查PDR触发事件的类型是否可配置； （2）检查PDR反演案例是否与触发事件相匹配； （3）检查触发PDR记录时是将当前电网模型保存到数据库中； （4）检查触发PDR记录时是将当前电网图形保存到数据库中； （5）检查PDR模型与图形是否匹配	（1）PDR触发事件的类型是否可配置； （2）触发事件及其相关的数据是否会保存到历史数据库中； （3）对变化的网络模型和画面是否保存到历史数据库中； （4）PDR模型与图形是否匹配

序号	测试项目	测试内容	关键点
3	PDR 参数设置	技术要求： 事故记录时间、扫描间隔可以由用户离线和在线定义。 测试方法： （1）检查 PDR 事故记录前后时间段是否可设置； （2）检查 PDR 反演的扫描间隔是否可离线配置； （3）检查 PDR 反演的扫描间隔是否可在线修改定义	PDR 事故记录前后时间段、扫描间隔是否可设置
4	PDR 界面	技术要求： 提供检索追忆数据的工具和界面。 测试方法： 检查是否具备 PDR 反演案例管理工具，可以方便地进行案例查询与管理	是否具备 PDR 反演案例管理工具，可以方便地进行案例查询与管理
5	PDR 真实重现	技术要求： 系统重演功能应是事故发生时期所有信息环境的重现，包括画面、数据，以及报警等。系统重演时，必须启用与事故时刻对应的电网模型、图形以及数据，不能出现三者不匹配的情况。 测试方法： （1）检查 PDR 在反演时配网线路的拓扑是否按事故发生的情况进行变化； （2）检查 PDR 在反演时配网运行数据是否按事故发生的情况进行变化； （3）检查 PDR 在反演时告警信息是否按事故发生的情况按时间、按顺序进行提示，未到时间点时应可消隐未出现的告警信息； （4）通过修改电网模型、图形检查 PDR 反演是否图形、模型、数据三者严格一致	（1）PDR 在反演时配网线路的拓扑、运行数据、告警信息是否按事故发生的情况进行变化； （2）是否启用了与事故时刻对应的电网模型、图形及数据
6	局部重演功能	技术要求： （1）调度员可通过专门的重演控制画面，选择已经记录的各个时段中的任何一个小的时段的电力系统的状态作为重演的对象。 （2）调度员可以设定已选定的小的时段中的任意一个时刻作为重演的起始时间进行重演，调度员在选定的小的时段中重演的起始时间后的任意一个时刻作为重演的结束时间。 测试方法： （1）检查是否具备专门的 PDR 控制画面； （2）检查是否能在已有的反演时段案例中截取更小的时段进行重演； （3）检查是否能在重演开始后的任意时间点作为重演结束时间； （4）重演的时间可通过设定具体时间点来控制并且可以在重演过程中实时控制	（1）是否能在已有的反演时段案例中截取更小的时段进行重演； （2）是否能在重演开始后的任意时间点作为重演结束时间； （3）重演的时间是否可以通过设定具体时间点来控制并且可以在重演过程中实时控制
7	播放控制	技术要求： 调度员可以设定重演的速度（快放或慢放）。调度员可以随时暂停正在进行的事故重演；可以再继续进行，也可重新选定一个小的时段的电力系统状态作为新的重演对象。重新设定重演的起始时间及重演速度进行新的重演。 测试方法： （1）检查 PDR 重放是否能加速和减速（快放、慢放）； （2）检查 PDR 重放能否暂停； （3）检查 PDR 重放能在播放期间调整速度； （4）检查 PDR 重放能后退	检查 PDR 重放能否进度调整、暂停、播放速度调整

序号	测试项目	测试内容	关键点
8	结果保存	技术要求： （1）分析准确地列出分析时间段内所有分析点的变化及变化时刻。 （2）分析的结果输出到文件之中，可以进行编辑，也可以在打印机上打印。 测试方法： （1）检查能否列出所选 PDR 反演过程中所有的遥信、告警信号以及信号的准确发生时间； （2）检查能否将 PDR 反演过程中产生的信号保存文件并可进行编辑修改	（1）能否列出所选 PDR 反演过程中所有的遥信、告警信号以及信号的准确发生时间； （2）检查能否将 PDR 反演过程中产生的信号保存文件并可进行编辑修改

7）基于地理背景图的 SCADA 应用（见表 5-28）。

表 5-28　　　基于地理背景图的 SCADA 应用的测试项目、测试内容及关键点

序号	测试项目	测试内容	关键点
1	事故停电设备定位	技术要求： 事故停电时，SCADA 系统推出基于地理信息的设备接线图，并在地理背景上闪烁显示故障设备，便于调度员获取设备名称和设备地理位置信息。 测试方法： （1）测试前提条件完成地理背景图部署，配网线路沿布图与地理背景图坐标关联完成； （2）模拟事故停电信号，检查调度员界面能否给出基于地理背景图的展示； （3）检查能否在地理背景图上展示线路停电范围； （4）检查能否通过告警窗快速定位设备位置； （5）检查能否通过变色闪烁方式提示设备位置	事故停电时，能否给出基于地理背景图的展示，以及展示线路停电范围
2	计划停电设备定位	技术要求： 计划停电时，调度员可以根据要停电的设备，依据地理背景获取设备位置信息，快速发出调度指令。 测试方法： （1）检查能否通过停电信息在地理背景图上定位停电设备； （2）检查能否通过变色闪烁方式提示计划停电设备位置	（1）检查能否通过停电信息在地理背景图上定位停电设备； （2）检查能否通过变色闪烁方式提示计划停电设备位置

8）网络模型动态管理（见表 5-29）。

表 5-29　　　网络模型动态管理的测试项目、测试内容及关键点

序号	测试项目	测试内容	关键点
1	动态模型机制	技术要求： 能够用动态模型机制反映配电网模型的动态变化过程和追忆。在 SCADA 下设实时、现状模型模拟操作和未来模型模拟操作三个模式。模式之间可以随意切换，以满足对现实和未来模型的运行方式研究需要以及图形开票的需要。 测试方法： （1）检查系统是否提供配网线路的图模管理机制，严格区分投运线路和未投运线路； （2）对投运线路可进行正常的 SCADA 应用和 PAS 应用； （3）对未投运线路应可选过滤或屏蔽相关信息； （4）对未投运线路能以特殊提示方式供配网调度员区分； （5）对未投运线路屏蔽控制功能	系统是否提供配网线路的图模管理机制，严格区分投运线路和未投运线路

续表

序号	测试项目	测试内容	关键点
2	模型流程确认	技术要求： 设备由现状到未来模型（或由未来到现状模型），配网调度管理系统与配网地理信息 GIS 系统应通过流程确认机制，保证两个系统的设备状态一致性。 测试方法： 检查系统是否提供配网图形、模型从未投运到投运的流程确认机制	检查系统是否提供配网图形、模型从未投运到投运的流程确认机制

（3）馈线自动化（见表 5–30）。

表 5–30　　　　　　馈线自动化的测试项目、测试内容及关键点

序号	测试项目	测试内容	关键点
1	故障提示	技术要求： 主站根据配电终端传送的故障信息，快速自动定位故障区段，并在调度员工作站显示器上醒目调出该信息点的接线图，以醒目方式在地理电气接线图上显示故障发生点及相关信息（如特殊的颜色或闪烁）。 测试方法： （1）模拟开关事故跳闸信号，检查是否能提示故障区段；模拟故障指示器动作信号，检查是否能提示故障区段； （2）检查能否提示故障判断的相关信息，如变位信号和保护信息等； （3）检查能否通过变色方式给出故障发生点、发生区段提示； （4）检查能否基于馈线段实现基于故障指示器的故障区段提示	（1）模拟开关事故跳闸信号，检查是否能提示故障区段； （2）检查能否提示故障判断的相关信息，如变位信号和保护信息等； （3）检查能否通过变色方式给出故障发生点、发生区段提示
2	实时态 DA	技术要求： 在实时模式下，系统根据电网运行的拓扑状态自动完成开关设备的操作，达到故障的诊断与隔离，并提出推荐的恢复方案列表供调度人员选择。 测试方法： （1）检查是否可将 DA 功能配置在实时态投入闭环和半闭环使用； （2）对 DA 闭环模式，检查能否全自动完成事故处理（故障定位、故障区域隔离、非故障区域恢复供电）； （3）对 DA 半闭环模式，检查通过人工确认后，自动完成故障处理； （4）对有多种事故处理方式的 DA 半闭应用，检查能按照某一准则对多种处理方式进行排序，再由人工选择某一中方式执行； （5）对于有多种事故处理方式的 DA 闭环应用，检查能否按设定准则自动选取最优方式完成自动故障处理	（1）检查是否可将 DA 功能配置在实时态投入闭环和半闭环使用； （2）对于有多种事故处理方式的 DA 半闭环应用，检查能否按照某一准则对多种处理方式进行排序，再由人工选择某一中方式执行
3	研究态 DA	技术要求： 在研究模式下，可人为设置假想故障，系统自动演示故障的处理过程，包括故障区段的隔离、恢复策略的预演等。 测试方法： （1）检查 DA 功能能否在研究态下进行模拟研究； （2）检查研究态 DA 能否同实时态 DA 一致，完成事故处理	（1）检查 DA 功能能否在研究态下进行模拟研究； （2）检查研究态 DA 能否同实时态 DA 一致，完成事故处理

序号	测试项目	测试内容	关键点
4	拓扑结构分析	技术要求： 支持各种拓扑结构的故障分析，故障诊断、隔离与恢复的功能适于各种配网网架结构，用户扩充、修改网络结构及电网的运行方式发生改变对馈线自动化的处理不造成影响。 测试方法： （1）通过测试案例验证； （2）检查能否处理单辐射接线方式； （3）检查能否处理手拉手环网接线方式； （4）检查能否处理多个电源点成环网接线方式	检查是否支持处理单辐射、手拉手环网、多个电源点成环网的拓扑结构故障分析
5	瞬时故障处理	技术要求： 对瞬时故障，若变电站出线开关重合成功，恢复供电，则不启动故障处理，但应对相关报警和事项进行记录并能实现故障定位。对于永久性故障，变电站出线开关重合不成功后，则启动故障处理。 测试方法： （1）检查对重合成功的瞬时故障能给出故障提示，但不推出故障处理方案； （2）通过模拟重合成功的案例验证	检查对重合成功的瞬时故障能否给出故障提示，但不推出故障处理方案
6	故障类型判断	技术要求： 能处理配电网络的各种故障类型，对线路上同时发生的多点故障能根据每条配电线路的重要程度对故障进行优先级划分，重要的配电网故障可以优先进行处理。 测试方法： （1）检查是否支持接地短路和相间短路故障的判断； （2）检查是否支持单条多重故障的判别（通过先在线路末端模拟1个故障，当故障隔离后改变配网运行方式，再模拟1个故障来验证）	（1）检查是否支持接地短路和相间短路故障的判断； （2）检查是否支持通过优先级方式对单条多重故障的判别
7	故障处理闭锁	技术要求： 可灵活设置故障处理闭锁条件，避免保护调试、设备检修等人为操作的影响。 测试方法： （1）检查能否闭锁DA的故障处理功能； （2）检查能否闭锁指定某条线路的DA故障处理功能； （3）检查能否设置闭锁条件，当条件触发时自动闭锁DA的故障处理功能； （4）检查能否设置闭锁条件，当条件触发时自动闭锁指定某条线路的DA故障处理功能	（1）能否闭锁DA的故障处理功能； （2）能否设置闭锁条件，当条件触发时自动闭锁DA的故障处理功能
8	恢复供电方案	技术要求： 可自动设计非故障区段的恢复供电方案，避免恢复过程导致其他线路的过负荷；在具备多个备用电源的情况下，能根据各个电源点的负载能力，对恢复区域进行拆分恢复供电。 测试方法： （1）检查是否能在恢复故障区域供电时选择合理的电源点； （2）在只有1个电源点恢复供电时应考虑恢复供电时是否会造成电源点过载，并给出提示； （3）在有多个电源点恢复供电可选择负载小的电源点恢复供电	（1）检查是否能在恢复故障区域供电时选择合理的电源点； （2）在只有1个电源点恢复供电时应考虑恢复供电时是否会造成电源点过载，并给出提示

续表

序号	测试项目	测试内容	关键点
9	故障处理人机交互	技术要求： 故障处理过程可选择自动方式进行和人机交互方式进行，执行过程中允许单步执行，也可在连续执行时人工暂停执行。 测试方法： （1）检查在故障处理过程中可以按照闭环方式和半闭环方式； （2）检查在半闭环方式下是否支持单步执行模式； （3）检查在半闭环方式下是否支持从任意步退出执行方式； （4）检查在闭环方式下是否从任意步退出执行方式	（1）在故障处理过程中是否可以按照闭环方式和半闭环方式； （2）检查在半闭环方式下是否支持单步执行模式； （3）检查在半闭环方式下是否支持从任意步退出执行方式； （4）检查在闭环方式下是否从任意步退出执行方式
10	执行反馈	技术要求： 在故障处理过程中，完成常规的遥控执行之后应查询该开关的状态，以判断该开关是否正确执行，若该开关未动作则停止自动执行，并提示系统运行人员，以示警告。 测试方法： （1）检查在完成DA遥控执行之后开关状态是否改变； （2）检查如果开关未正确执行（通过104报文模拟软件模拟遥控命令不执行）时是否能自动停止DA； （3）检查DA停止时是否能进行告警	（1）检查在完成DA遥控执行之后开关状态是否改变； （2）检查如果开关未正确执行时是否能自动停止DA； （3）检查DA停止时是否能进行告警
11	故障处理信息保存	技术要求： 故障处理的全部过程信息保存在历史数据库中，以备故障分析时使用。 测试方法： （1）模拟故障处理，检查是否能保存相关信息； （2）调用以往保存信息进行查看	模拟故障处理，检查是否能够保存相关信息
12	多重故障处理	技术要求： 能实现多重故障同时处理的功能，且各故障处理相互之间不会产生影响。 测试方法： 模拟不同线路同时发生多重故障，检查DA故障处理是否相互独立互不影响	模拟不同线路同时发生多重故障，检查DA故障处理是否相互独立互不影响

（4）配网分析软件。

网络拓扑（见表5-31）。

表5-31　　　　　　网络拓扑的测试项目、测试内容及关键点

序号	测试项目	测试内容	关键点
1	拓扑状态判别	技术要求： 能根据电网网络拓扑结构，自动判断和推理，直观地用颜色区分线路、开关、区间的停电、故障、充电等状态和配电网的停电范围、故障范围、供电范围，以及是否环网运行等。 测试方法： （1）检查在调度员界面能否自动进行拓扑着色； （2）检查在断路器、隔离开关状态发生变化时能实时触发拓扑分析进行拓扑着色； （3）检查在单线图上增加新的电力系统一次元件，拓扑分析功能不需进行重新配置即可使用； （4）检查能否展示不同电压等级的带电状态； （5）检查能否展示故障范围（与一般停电要有区分）； （6）检查能否展示某个电源点的供电范围； （7）检查能否展示某个开关站的供电范围； （8）检查能否识别是否环网运行； （9）检查能否进行电源点追溯	（1）能否实现自动拓扑着色； （2）在断路器、隔离开关状态发生变化时能否实时触发拓扑分析进行拓扑着色； （3）在单线图上增加新的电力系统一次元件，拓扑分析功能不需进行重新配置即可使用； （4）通过拓扑着色，能否识别带电状态、故障范围、供电范围、环网运行、电源点追溯

序号	测试项目	测试内容	关键点
2	多条线路拓扑	技术要求： 能够快速地实现对单条或多条配电线的供电范围及供电路径分析。 测试方法： （1）在调度员界面上绘制多条互相独立的配网线路； （2）进行拓扑分析，检查是否能同时独立进行拓扑着色	对于多条独立的配网线路能否独立进行拓扑着色
3	运行状态展示	技术条件： 能用不同颜色表示电网元件的运行状态（带电、停电、故障、处于负荷转移状态、设置状态、过负荷状态等）。 测试方法： （1）检查能否人工配置颜色展示拓扑分析状态； （2）检查能否区分人工停电和故障状态； （3）检查能否展示线路过负荷状态； （4）检查正处于 DA 处理过程的配电网运行状态展示，即故障隔离区域、非故障恢复供电区域	能否用不同的颜色表示电网元件的运行状态
4	动态电源分析	技术条件： 能够实现动态电源分析显示。 测试方法： （1）检查能否支持多电源供电用户拓扑分析； （2）检查能否支持站内馈线转供拓扑分析	（1）能否支持多电源供电用户拓扑分析； （2）能否支持站内馈线转供拓扑分析
5	故障指示器支持	技术要求： 能根据故障指示器的故障指示信号进行实时网络拓扑并进行拓扑着色。 测试方法： （1）检查能否支持故障指示器实现基于馈线端的故障区域判别； （2）要求能将故障指示器关联到某条确定的馈线段上，而不是通过两个开关之间确定故障区域； （3）检查当电网运行方式改变后，是否还能正确判断故障区域	（1）能否支持故障指示器实现基于馈线端的故障区域判别； （2）能否将故障指示器关联到某条确定的馈线段上，而不是通过两个开关之间确定故障区域

（5）实时信息发布（见表 5－32）。

表 5－32　　　　　　　实时信息发布的测试项目、测试内容及关键点

序号	测试项目	测试内容	关键点
1	无控件浏览	技术要求： 采用无控件方式实现，免安装和免维护。 测试方法： （1）通过便携式计算机接入Ⅲ区网络； （2）利用 IE 和 Firefox 等浏览器通过 IP 地址访问 Web 页面； （3）单击 Web 页面内各项应用，查看相应功能； （4）检查除 SVG 支持包外是否不再下载其他控件	便携式计算机接入Ⅲ区网络后，检查除 SVG 支持包外是否不再下载其他控件
2	内外网一致性	技术要求： 具备与安全Ⅰ区一致的画面和数据信息，保证内外网图形及拓扑着色一致。 测试方法： （1）在内网调度员工作站上打开某幅单线图； （2）在外网便携式计算机上打开同一幅单线图； （3）检查Ⅰ区和Ⅲ区图形是否一致（位置、颜色）； （4）检查Ⅰ区和Ⅲ区数据是否一致； （5）对Ⅰ区单线图进行操作，检查Ⅲ区是否跟随变化； （6）检查Ⅰ区和Ⅲ区同一表格是否一致； （7）检查Ⅰ区和Ⅲ区同一曲线是否一致	检查Ⅰ区和Ⅲ区图形、数据、曲线、表格是否一致或者跟随变化

续表

序号	测试项目	测试内容	关键点
3	实时信息打印	技术要求： 告警信息、历史告警信息、画面、报表等信息均可打印。 测试方法： （1）在 Web 页面上检查告警信息、历史事项是否能打印； （2）检查画面是否能打印； （3）检查报表是否能打印； （4）检查曲线是否能打印	检查 Web 页面上的告警信息、历史告警信息、画面、报表等可进行打印（不能通过浏览器自带打印功能实现）
4	远动报文查看	技术要求： 可查看远动通信报文。 测试方法： 检查在 Web 浏览页面能否查看远动通信报文。 注： 局方反映该项功能对于终端调试具有较大作用	检查能否在 Ⅲ 区查看远动通信报文
5	实时刷新	技术要求： 实时数据基于变化刷新。 测试方法： （1）检查对于遥信信号是否实时同步； （2）检查对于遥测信号是否可人工设置周期进行同步	（1）检查对于遥信信号是否实时同步； （2）检查对于遥测信号是否可人工设置周期进行同步
6	实时信息下载	技术要求： 可下载数据、报表。 测试方法： （1）检查在 Web 浏览中打开报表能否下载到本地； （2）检查下载的报表文件是否支持 XLS 或 CSV 格式	在 Web 浏览中打开报表能以通用的格式（如持 XLS 或 CSV）下载到本地
7	访问权限控制	技术要求： 提供访问权限控制，画面、数据及报警事项等的访问权限与角色相匹配，按责任区分层分配权限。 测试方法： （1）检查信息发布系统是否能对 Web 访问用户权限进行控制； （2）检查能否支持用户注册； （3）检查能否增加、删除； （4）检查能否增加、删除、修改已注册用户权限； （5）检查能否支持于 Web 用户权限控制到应用层级，即可对不同用户单独配置查看画面、报警、曲线、报表等权限； （6）检查能否按责任区进行用户权限的整体设置； （7）检查能否设定验证码防止恶意链接	（1）在 Web 浏览中能否对用户权限进行管理和控制； （2）能否支持于 Web 用户权限控制到应用层级，即可对不同用户单独配置查看画面、报警、曲线、报表等权限； （3）能否按责任区进行用户权限的整体设置； （4）能否设定验证码防止恶意链接
8	数据追补	技术要求： 外网通信中断、Web 历史数据丢失或未存储时，应能实现由内网自动追补和人工追补，保证内外网历史数据和历史事项的一致性。 测试方法： （1）通过断开 Ⅰ 区和 Ⅲ 区网络模拟内外网通信中断； （2）检查 Ⅲ 区能否自动追补通信中断的数据，包括遥信、遥测、告警信息等； （3）检查 Ⅲ 区历史数据应在追补后不缺失； （4）检查是否具备人工追补功能，在自动追补不成功时可手动进行追补	（1）在数据中断或数据丢失时，能否自动追补所有数据； （2）是否具备人工追补功能，在自动追补不成功时可手动进行追补
9	优先级控制	技术要求： 在并发访问人数达到上限值后自动中断等级低的连接。 测试方法： （1）电科院提供测试工具，集成商负责配置不同优先等级用户名和密码（用户名最好有规律性，密码可以相同），并将并发访问控制人数严格控制； （2）电科院模拟多个用户并发访问，随机抽取优先级的用户进行访问，检查到达并发访问控制人数时，是否断开低优先级用户的连接，优先满足高优先级用户的登录访问	（1）登录用户是否有优先级设置； （2）是否在并发访问人数达到上限值后自动中断等级低的连接

序号	测试项目	测试内容	关键点
10	统一服务功能	技术要求： 多台 Web 服务器对外提供统一的访问服务。 测试方法： （1）检查能否通过统一 IP 和端口号对 Web 应用进行访问； （2）对于主备方式 Web 应用可以先接入 1 台 Web 服务器，利用 IE 浏览器登录； （3）接入另一台 Web 服务器后，断开原先 Web 服务器； （4）检查 Web 访问是否能做到无缝切换，不需再重新登录； （5）检查 Web 应用是否支持集群方式，实现负载均分	检查能否以统一的 IP 地址和端口号对 Web 应用进行访问，而不用关心多台 Web 服务器的运行状态，当运行状态切换时，用户访问时能无缝切换
11	并发访问	技术要求： 应具备同时 500 人以上的并发访问能力。 测试方法： （1）电科院提供测试工具； （2）模拟 500 用户并发访问 Web 发布； （3）检查能否支持 500 用户并发登录； （4）检查能否支持 500 用户并发操作查看单线图； （5）检查能否支持 500 用户并发操作查看系统配置图； （6）检查能否支持 500 用户并发操作查看曲线； （7）检查能否支持 500 用户并发操作查看报表。 注： 将访问超时时间设置为 120s，超时访问不成功的用户应小于每百用户不超过 1 个； 进行测试时需设置集结点； 测试忽略模拟用户的思考时间； 并发用户按照 10 个/s 用户增加	以电科院提供的测试工具，按照 10 个/s 用户递增的方式，模拟 500 用户并发访问，查看是否能同时完成登录及相关操作

5.7　系统冗余测试

5.7.1　交换机 $N-1$ 测试

（1）简述：测试交换机断电等网络故障。

（2）测试方法：

1）关闭一台交换机电源（或通过拔出交换机全部网线模拟）；

2）检查告警是否正确；

3）检查系统配置图是否与实际情况相符；

4）在任意的几个节点上（至少有一个节点插在该交换机上）做开关操作/遥测操作/报表查询及实时数据库操作，检查通信是否正常。

5.7.2　服务器 $N-1$ 测试

（1）简述：测试各个服务器节点上主备切换，应用服务器冗余等功能。

（2）测试方法：

1）选择互为冗余的一组服务器中的一台（最好选择为应用主机的节点），拔出该节点的两根网线；

2）观察其余服务器节点的状态及各类操作是否正确。

5.7.3　服务器 $N-2$ 测试

（1）简述：测试 $1+N$ 功能。

（2）测试方法：

1）选择同一类应用服务器中的两台，与主网断开连接；

2）观察各类操作是否正确。

5.7.4　冷、热备用切换时间

冷、热备用切换时间的测试项目、测试内容见表 5-33。

表 5-33　　　　　　　　　冷、热备用切换时间的测试项目、测试内容

序号	测试项目	测试内容
1	人工切换	测试方法： （1）分别选择 SCADA 服务器/应用、数据库服务器/应用、Web 服务器/应用，在系统管理界面进行人工切换主备运行方式； （2）记录最长切换时间
	自动切换	测试方法： （1）分别选择 SCADA 服务器/应用、数据库服务器/应用、Web 服务器/应用，通过断开所有网线模拟服务器故障发生自动切换； （2）记录最长切换时间

5.7.5　隔离装置冗余测试

隔离装置冗余测试的测试项目、测试内容见表 5-34。

表 5-34　　　　　　　　隔离装置冗余测试的测试项目、测试内容

序号	测试项目	测试内容
1	隔离装置故障检测	测试方法： （1）关闭Ⅰ、Ⅲ区间正向隔离 A 电源，检查 alarm 中是否出现相应告警； （2）继续关闭正向隔离 B 的电源，检查 alarm 中是否出现双网连接错误
	隔离装置恢复检测	测试方法： （1）开启正向隔离 A 的电源，检查是否恢复正常Ⅰ/Ⅲ区通信，检查 alarm 中是否出现相应恢复信息； （2）开启正向隔离 B 的电源，检查 alarm 中出现连接恢复信息

5.8 系 统 性 能 测 试

5.8.1 系统实时性

系统实时性的测试项目、测试内容见表 5－35。

表 5－35　　　　　　　　系统实时性的测试项目、测试内容

序号	测试项目	测试内容
1	馈线自动化实时性	技术要求： 馈线自动化实现故障区域自动隔离时间小于 1min；馈线自动化实现非故障区域自动恢复供电时间小于 2min。 测试方法： （1）建立测试用的环网线路进行模拟； （2）模拟配网开关事故跳闸信号； （3）查看在测试环境条件下故障区域自动隔离时间是否小于 1min； （4）查看在测试环境条件下非故障区域自动恢复供电时间是否小于 2min
2	遥控命令实时性	技术要求： 遥控量从选中到命令送出主站系统不大于 2s。 测试方法： （1）配置测试用的遥控点，供应商提供软件接收遥控报文； （2）选择该遥控点进行遥控，送出遥控报文； （3）检查在测试环境条件下遥控命令送出主站系统的时间不超过 2s
3	专网传输时延	技术要求： 数采服务器与 SCADA 服务器、应用工作站之间的数据传输时延小于 1s。 测试方法： （1）通过 104 报文模拟软件在专网数采服务器上分别模拟通信信号和遥测信号； （2）在 SCADA 服务器上查看遥信数据和遥测数据是否正确接收并展示； （3）在工作站上查看遥信数据和遥测数据是否正确接收并展示
4	公网传输时延	技术要求： 公网数采服务器与 SCADA 服务器、应用工作站之间跨越正向物理隔离时的数据传输时延小于 3s，跨越反向物理隔离时的数据传输时延小于 20s。 测试方法： （1）通过 101 报文模拟软件在公网数采服务器上分别模拟通信信号和遥测信号； （2）在 SCADA 服务器上查看遥信数据和遥测数据是否正确接收并展示； （3）在工作站上查看遥信数据和遥测数据是否正确接收并展示
5	遥信变位告警时延	技术要求： 从开关变位信息到达数采服务器到告警信息推出时间小于 1s，从开关变位信息到达公网数采服务器到告警信息推出时间小于 5s。 测试方法： （1）通过 104 报文模拟软件在专网数采服务器上模拟 1 个遥信变位信号； （2）在告警窗查看遥信变位告警信息推出时间是否满足小于 1s； （3）通过 101 报文模拟软件在公网网数采服务器上模拟 1 个遥信变位信号； （4）在告警窗查看遥信变位告警信息推出时间是否满足小于 5s
6	遥信变位画面时延	技术要求： 专网通信条件下开关量变位到达数采服务器到画面显示时间小于 1s，公网通信条件下遥测变化到达数采服务器到画面显示时间小于 5s。 测试方法： （1）通过 104 报文模拟软件在专网数采服务器上模拟 1 个遥测信号； （2）在调度员界面查看遥测数据改变时间是否满足小于 1s； （3）通过 101 报文模拟软件在公网网数采服务器上模拟 1 个遥信变位信号； （4）在调度员界面查看遥测数据改变时间是否满足小于 5s

续表

序号	测试项目	测试内容
7	遥控执行实时性	技术要求： 专网通信条件下遥控执行命令发出到收到遥信变位返回时间不大于 5s。 测试方法： （1）通过 104 报文模拟软件设置遥控点； （2）在调度员界面选择该遥控点进行遥控操作； （3）在反校信息接收到后进行控制命令下发； （4）检查开关变位信息返回时间是否小于 5s
8	SOE 实时性	技术要求： 专网通信条件下事件顺序记录分辨率小于 1ms。 测试方法： （1）通过 104 报文模拟软件针对同一个遥信点模拟两个时间仅相差 1ms 的 SOE 数据，同时上送； （2）查看告警窗中是否能收到这两个 SOE
9	画面实时性	技术要求： 90%的画面调出时间不大于 1s，其余画面调出时间不大于 3s；事故推画面时间小于 3s；画面实时数据更新周期为 1～10s（可调）。 测试方法： （1）选取 3～5 幅单线图进行打开，记录调出时间； （2）选取 3～5 幅报表、曲线图进行打开，记录调出时间； （3）检查画面调出时间是否满足 90%小于 1s； （4）检查画面调出时间最长是否不小于 3s； （5）设定某条馈线故障时需推画面； （6）模拟该条馈线事故跳闸信息，记录推画面时间是否小于 3s； （7）检查画面实时数据更新时间是否可设置； （8）检查画面实时数据更新时间最短更新周期是否可设置成 1s
10	时钟对时	技术要求： 系统时间与标准时间误差不大于 1s。 测试方法： （1）检查系统服务器各节点与时钟同步装置时间差是否小于 1s； （2）检查系统服务器各节点之间时间差是否小于 1s； （3）检查系统服务器与工作站之间时间差是否小于 1s
11	Web 时延	技术要求： Web 发布的客户端实时告警比Ⅰ区系统实时告警的时间延迟不得大于 10s。 测试方法： （1）在Ⅰ区模拟 1 个遥信变位信号，在实时告警窗查看该变位告警信息； （2）在Ⅲ区 Web 服务器实时告警窗上查看该遥信变位信息是否正确跨隔离传送； （3）在测试局域网络条件下，通过便携式计算机 IE 浏览器查看该遥信变位信息是否正确接收； （4）检查接收到的时间是否小于 10s

5.8.2　分析软件性能指标

分析软件性能指标的测试项目、测试内容见表 5－36。

表 5－36　　　　　　　　　　　分析软件性能指标的测试项目、测试内容

序号	测试项目	测试内容
1	拓扑着色性能	技术要求： 单次拓扑着色计算时间不大于 1s。 测试方法： （1）在拓扑着色功能启动的条件下，对单线图上某一开关进行分合置位； （2）检查完成新一次正确拓扑着色的时间是否小于 1s

序号	测试项目	测试内容
2	状态估计性能	技术要求： 单次状态估计计算时间不大于10s。 测试方法： （1）选取某一SCADA断面； （2）对该断面进行状态估计计算； （3）检查完成一次状态估计计算的时间是否小于10s
3	潮流计算性能	技术要求： 单次潮流计算时间不大于5s。 测试方法： （1）选取某一状态估计断面； （2）对该状态估计断面进行潮流计算； （3）检查完成一次潮流计算的时间是否小于5s
4	转供分析性能	技术要求： 单次转供策略分析耗时不大于5s。 测试方法： （1）选取某一转供分析测试用例； （2）对该案例进行转供策略分析； （3）检查完成一次正确转供策略分析时间是否小于5s
5	负荷预测性能	技术要求： 负荷预测周期不大于15min，单次负荷预测耗时不大于15s。 测试方法： （1）检查符合预测周期是否可设置； （2）检查负荷预测周期最短时间是否小于15min； （3）选取某个地区负荷历史数据进行负荷预测； （4）检查完成一次负荷预测时间是否小于15s

5.8.3 系统负载率指标

（1）系统CPU负载（见表5－37）。

表5－37 　　　　　　　　**系统CPU负载的测试项目、测试内容**

序号	测试项目	测试内容
1	SCADA服务器平均负荷率	技术要求： SCADA服务器每个5min周期内CPU平均负荷率小于35%。 测试方法： （1）在主站各个服务器、工作站节点安装OpenView性能测试软件的Linux代理端； （2）在服务端获取CPU历史数据； （3）截图保存CPU负荷率曲线； （4）检查CPU的5min平均负荷率是否满足技术要求
2	公网数采服务器平均负荷率	技术要求： 公网数采服务器每个5min周期内CPU平均负荷率小于35%。 测试方法： 同"SCADA服务器平均负荷率"测试方法
3	专网数采服务器平均负荷率	技术要求： 专网数采服务器每个5min周期内CPU平均负荷率小于35%。 测试方法： 同"SCADA服务器平均负荷率"测试方法

序号	测试项目	测试内容
4	数据库服务器平均负荷率	技术要求： 数据库服务器每个 5min 周期内 CPU 平均负荷率小于 35%。 测试方法： 同 "SCADA 服务器平均负荷率" 测试方法
5	Web 服务器平均负荷率	技术要求： Web 服务器每个 5min 周期内 CPU 平均负荷率小于 35%。 测试方法： 同 "SCADA 服务器平均负荷率" 测试方法
6	用户工作站平均负荷率	技术要求： 用户工作站每个 5min 周期内 CPU 平均负荷率小于 35%。 测试方法： 同 "SCADA 服务器平均负荷率" 测试方法

（2）网络负载（见表 5-38）。

表 5-38　　　　　　　网络负载的测试项目、测试内容

序号	测试项目	测试内容
1	事故情况主干网络负载率	技术要求： 在事故情况下，系统骨干网在任意 5min 内，平均负荷率小于 10%。 测试方法： （1）交换机开启 SNMPV2 版本代理； （2）交换机与 OptiView 的共同体串都设置为 public； （3）交换机提供管理 IP 地址； （4）OptiView 所在便携式计算机 IP 设为同一网段； （5）在雪崩测试环境下，利用 OptiView 监视该网段的网络利用率； （6）截图保存网络利用率曲线； （7）检查网络利用率是否满足技术要求
2	正常情况主干网络负载率	技术要求： 在正常情况下，双网以分流方式运行时，每一网络的负荷率应小于 6%，单网运行情况下网络负荷率不超过 12%。 测试方法： 在正常测试环境下，测试方法同 "事故情况主干网络负荷率"
3	正常情况 Web 网络负载率	技术要求： 在正常情况下，双网以分流方式运行时，每一网络的负荷率应小于 6%，单网运行情况下网络负荷率不超过 12%。 测试方法： 在正常测试环境下，测试方法同 "事故情况主干网络负荷率"

5.8.4　界面的稳定性

界面的稳定性的测试项目、测试内容见表 5-39。

表 5-39　　　　　　　　　　界面的稳定性的测试项目、测试内容

序号	测试项目	测试内容
1	界面稳定性	技术要求： 界面稳定，不会出现异常退出现象。 测试方法： （1）在测试期间，观察是否出现主站各个应用界面出现异常退出现象； （2）观察时间不得少于 24×3h

5.8.5　黑启动

黑启动为在所有机器关机/掉电两种情况下，按照一定的步骤启动到系统能够正常运行的程度。

（1）最小方式黑启动（见表 5-40）。

表 5-40　　　　　　　　　　最小方式黑启动的测试项目、测试内容

序号	测试项目	测试内容
1	最小方式黑启动测试	技术要求： 黑启动时间小于 15min。 测试方法： （1）确认整个系统处于关闭状态（先关服务器，后关交换机和阵列）； （2）开启公网数采交换机、专网数采交换机、主干交换机各 1 台； （3）启动 1 台公网数采服务器，开启 1 台专网数采服务器； （4）系统 SCADA 功能正常时，记录整个系统启动时间； （5）检查最小方式黑启动时间是否满足技术要求

（2）全系统黑启动（见表 5-41）。

表 5-41　　　　　　　　　　全系统黑启动的测试项目、测试内容

序号	测试项目	测试内容
1	全系统黑启动测试	技术要求： 全系统黑启动时间小于 30min。 测试方法： （1）确认整个系统处于关闭状态（先关服务器，后关交换机和阵列）； （2）开启所有交换机； （3）开启磁盘阵列； （4）启动服务器和工作站； （5）系统全部功能正常时，记录整个系统启动时间； （6）检查全系统黑启动时间是否满足技术要求

5.8.6　单机单网测试

单机单网的破坏性测试。通过单机单网的功能测试，检验系统在极限情况下 SCADA 功能是否正常运行。系统实现单机运行的过程为：① 关闭两台 ORACLE 服务器，停掉 ORACLE 服务；② 关闭 SCADA 服务器；③ 关闭 B 网交换机；④ 系统只保留一个公

网数采节点、一个专网数采节点、一个 SCADA 节点和一台交换机正常运行，测试 SCADA 功能是否正常运行。

（1）终端监视（见表 5-42）。

表 5-42　　　　　　　　　　　　　终端测试项目及测试内容

序号	测试项目	测试内容
1	通道监视	技术要求： 通道正常；遥测监视正常；遥信监视正常

（2）数据处理包括模拟量处理、状态量处理、累计（电度）量处理及它们的多源数据处理、越限监视等功能，见表 5-43。

表 5-43　　　　　　　　　　　　数据处理的测试项目、测试内容

序号	测试项目	测试内容
1	遥测处理功能	技术要求： 数据采集正常；工程值转换正常；合理范围检查正常；取绝对值正常；符号取反正常；越限监视正常
2	遥信处理功能	技术要求： 数据采集正常；状态量的极性处理正常；开关变位处理及报警正常；事故总信号处理及报警正常
3	终端状态	技术要求： 终端状态检测正常

（3）SCADA 能对设备开关进行遥控分合，并对遥控进行校核控制，见表 5-44。

表 5-44　　　　　　　　SCADA 对设备开关进行测试项目及测试内容

序号	测试项目	测试内容
1	遥控操作功能	技术要求： 遥控操作的定义和执行功能正常；遥控操作的监护和校核功能正常

（4）SCADA 能进行人工置数操作，对模拟量和状态量等进行人工置数；可以设定间隔、设备运行状态，如运行、检修、测试、告警、更新、控制；可以对间隔和设备进行挂牌、摘牌操作，见表 5-45。

表 5-45　　　　　　　　SCADA 进行人工操作测试项目及测试内容

序号	测试项目	测试内容
1	人工操作功能	技术要求： 对模拟量、状态量人工置数功能正常；对间隔和设备运行状态设定功能正常；对间隔和设备运行挂牌、摘牌功能正常

（5）对电网和计算机系统运行过程中所产生的各种事件和告警进行处理，包括存储、

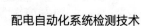

闪烁、推画面、自动打印、语音告警、短信告警、启动 PDR 等，并提供自动和手动方式来确认单个报警、分类报警、分组报警和全部报警。同时可以对告警进行查询，见表 5-46。

表 5-46　　　　　　　　　　告警的测试项目及测试内容

序号	测试项目	测试内容
1	告警的定义和处理	技术要求： 告警窗口显示功能正常；告警设备颜色变化功能正常；闪烁功能正常；推画面功能正常；启动语音告警功能正常
2	告警内容的检索	技术要求： 可以按事件、厂站、告警对象、告警级别和告警事项进行分类查询

5.9　72h 连续运行测试

72h 连续运行测试的测试项目、测试内容见表 5-47。

表 5-47　　　　　　　　72h 连续运行测试的测试项目、测试内容

序号	测试项目	测试内容
1	72h 连续运行	技术要求： 关键功能没有发生故障或重启；没有故障切机和不合理切换发生；没有主要硬件故障。 测试方法： （1）在 72h 连续运行测试过程中，记录常规测试涉及的各项操作； （2）72h 连续运行后，通过事项记录工具检查是否出现除测试用例导致的上述 3 种情况； （3）记录异常情况

第6章
配电网通信装置检测技术

智能配电网能实现的基础是通信系统的实时、高速，以及双向性，如果没有通信系统的支持，所有的智能配电网只能是纸上谈兵，因为在智能配电网中，数据信息的控制、保护以及获取都离不开通信系统。所以，建立实时、高速，以及双向通信系统是智能电网建设的重要步骤。智能配电网在稳定可靠的通信系统支持下成为动态的基础设施。通信系统建立后，能保障电网的安全性，提高电网的价值。

6.1 无线通信装置检测技术

6.1.1 现场无线网络质量测试

（1）Attach 过程。

1）技术要求：无线网络的 Attach 过程保证 100%成功。

2）测试目的：Attach 过程完成在网络的注册和核心网对终端默认承载的建立，Attach 成功率测试可以直观判断现场测试地点所在无线网络的注册的稳定性。

3）测试步骤：① 开启无线质量路测软件，连接上路测软件无线终端。② 通过路测软件开启 Attach 测试功能，选择测试次数 20 次，单击自动开始。③ 根据测试结果记录 Attach 过程成功率，以及 Attach 的平均时延。

4）测试仪器设备：无线网络质量路测软件及测试终端。

（2）PDP 激活过程。

1）技术要求：无线网络的 PDP 激活保证 100%成功。

2）测试目的：PDP 激活过程是在完成网络附着（Attach）的基础上，让网络给终端分配一个 IP 地址和相应资源，然后分组数据才能使用该地址和资源进行传输。PDP 激活成功率测试可以直观判断现场测试地点所在无线网络建立数据连接的稳定性。

3）测试步骤：① 开启无线质量路测软件，连接上路测软件无线终端。② 通过路测软件完成 Attach，然后开启 PDP 激活测试功能，选择激活次数 20 次，单击自动开始。③ 根据测试结果记录 PDP 激活过程成功率，以及 PDP 激活的平均时延。

4）测试仪器设备：无线网络质量路测软件及测试终端。

（3）上、下行 FTP 吞吐率。

1）技术要求：无线网络的 PDP 激活保证 100%成功。

2）测试目的：通过测试无线网络上、下行 FTP 吞吐率，判断当前测试地点无线网络的上、下行数据传输速率情况。

3）测试步骤：① 开启无线质量路测软件，连接上路测软件无线终端。② 通过路测软件完成 Attach，PDP 激活过程，选择上、下行 FTP 吞吐率测试功能，单击自动开始。③ 根据测试结果记录上、下行 FTP 吞吐率。

4）测试仪器设备：无线网络质量路测软件及测试终端。

（4）接收信号功率强度和信噪比。

1）技术要求：无线终端接收信号的功率强度和信噪比必须达到良好以上。

2）测试目的：通过测试无线终端接收信号的功率强度和信噪比，判断当前终端地点的无线网络的信号强度和稳定性情况。

3）测试步骤：① 开启无线质量路测软件，连接上路测软件无线终端。② 通过路测软件完成 Attach，PDP 激活过程，选择 CPICHRSCP 和 CPICHEC/NO 测试功能，开启下行 FTP 数据连接过程，单击自动开始。③ 根据测试结果记录：接收信号功率强度和信噪比。

4）测试仪器设备：无线网络质量路测软件及测试终端。

6.1.2　实验室无线终端测试

6.1.2.1　设备标示

（1）技术要求：无线终端的铭牌及标示齐全、清晰、正确，铭牌内容至少包括产品型号、产品名称、制造厂全称及商标、主要参数、出厂日期及编号。

（2）测试步骤：检查终端设备的铭牌及标示，并拍照存档。

（3）测试仪器设备：无。

6.1.2.2　外观及结构

（1）外壳及设备结构。

1）技术要求：无线终端结构牢固结实，组装紧凑，要求面板应平整，光洁度好，总体机械结构应采用模块化结构。

2）测试步骤：检查设备外部结构及材质。

3）测试仪器设备：无。

（2）设备接口、数量。

1）技术要求：无线终端应提供至少 2 路串行接口，其中一路为 RS-232，另一路为 RS-232 或 RS-485。应具备至少 1 路以太网接口，以太网接口应能工作在全双工模式，可支持 10/100Mbit/s 速率。应至少具备 1 路（如 UART、RS-232 串口、以太网口、USB 等接口）有线维护接口。

2）测试步骤：检查设备接口类型及数量。

3）测试仪器设备：无。

（3）设备电源。

1）技术要求：无线终端工作电源支持直流＋12、直流＋24V、交流110V、交流220V可选。交流电压容差为＋20%～－20%，直流电压容差为＋15%～－20%。

2）测试步骤：① 检查设备工作电源类型。② 使用稳压电源调节输入电压为无线模块的最低工作电压、最高工作电压，无线终端应能工作，并通信正常。

3）测试仪器设备：可调节电压源。

（4）设备指示灯。

1）技术要求：无线终端应至少包括电源指示灯、运行状态指示灯、数据收发指示灯。

2）测试步骤：检查设备指示灯类型。

3）测试仪器设备：无。

（5）设备功耗。

1）技术要求：无线终端在待机（保持在线，无数据通信）状态下功耗宜小于1W，最高应不大于3W。在数据通信状态下平均功耗宜小于2W，最高不大于5W。在启动及通信过程中瞬时最大功耗应小于5W。

2）测试步骤：① 在设备启动、待机、通信过程中，分别用万用表测量电路的电流和电压值；② 根据 $P=UI$，计算出模块的实时功耗。

3）测试仪器设备：万用表。

6.1.2.3　永久在线功能

（1）技术要求：无线终端应具备防掉线机制，设备加电后可自动建立并保持数据传输通道，并在掉线后自动重拨。

（2）测试步骤：① 短暂断开设备电源并重新上电，通过数据收发软件观察终端从掉线到自动重拨并恢复正常通信的过程；② 通过修改软件配置或者人工拔开天线的方式导致设备掉线，然后重新恢复，通过数据收发软件观察终端从掉线到恢复正常通信的过程。

（3）测试仪器设备：数据收发软件。

6.1.2.4　射频性能

GSM－GPRS/TDD－LTE工作频率与射频性能要求见表6－1。

表6－1　　　　　　　　GSM－GPRS/TDD－LTE 工作频率与射频性能要求

指标	GSM900/DCS1800	TDD－LTE
频率范围	Tx：890－915MHz/Rx：936－960MHz/Tx：1710－1785MHz/Rx：1806－1880MHz	B38（2570～2620MHz） B39（1880～1920MHz） B40（2300～2400MHz） B41（2496～2690MHz）

指标	GSM900/DCS1800	TDD－LTE
参考灵敏度	≤－102dBm	B38/39/40： ≤－97dBm@10MHz/QPSK B41：≤－95dBm@10MHz/QPSK
最大输出功率	GSM900：33dBm±2dB DCS1800：30dBm±2dB	23dBm＋2/－3dB
载波频率误差	±0.1ppm	±0.1ppm
RMS 相位误差 RMSEVM（误差矢量幅度）	RMS 相位误差≤5°@GMSK 最大峰值误差≤20° RMSEVM≤9.0%@8－PSK	RMSEVM≤12.5%@16QAM RMSEVM≤17.5%@QPSK/BPSK

（1）参考灵敏度。

1）技术要求：GSM900/DCS1800 频率范围的无线终端参考灵敏度应满足：不大于－102dBm。

2）测试目的：测量接收机的接收灵敏度是为了检验接收机射频电路，中频电路及解调、解码电路的性能。提高接收灵敏度，从本质上提高手机接收信号的能力。

3）测试原理：接收机在各种不同输入信号环境下的工作性能由比特误码率表示。接收误码率真是指基站发送给手机一定电平的数据信号，手机接收到这个数据信号后对它进行解调还原，然后再发送给基站，基站接收到解调后与原来的数据信号进行比较，两者之差即为误码，用百分比表示为误码率。误比特率（BER）定义为接收到的错误比特与所有发送的数据比特之比。测量接收机灵敏度可通过在接收机输入灵敏度电平时测量接收机的误码率是否达到规定的要求来测试。

4）测试步骤：① 无线终端通过 RF 电缆与无线综合测试仪相连。② 根据通用呼叫建立程序，无线综测仪在绝对射频信号（ARFCN）中间范围的信道上与无线终端建立一个分组通信。无线综测仪通过配置无线终端以最多的时隙进行接收，功率控制级设为最大。③ 无线综测仪在静态传播条件下发送分组数据包，在所有分配时隙上使用无线终端支持的最高速率的编码方式编码（CS－4/32/1），电平设置为－102dBm。④ 观察无线综合测试仪此时的 BER 应不超过 2.439%。⑤ TDD－LTE 的参考灵敏度测试按①～④重复。

5）测试仪器设备：无线综合测试仪。

（2）最大输出功率。

1）技术要求：GSM900/DCS1800 频率范围的无线终端最大输出功率应满足：GSM900：33dBm±2dB，DCS1800：30dBm±2dB。

2）测试目的：测试无线终端发射机的载波输出功率是否符合要求，如发射功率太小，会造成信号连接困难，发射功率太大，则一方面会造成电池损耗大，另一方面会造成邻信道干扰。

3）测试原理：终端发射部分由发射信号形成回路，功率放电电路、功率控制电路三个单元组成。GSM 频段分为 124 个信道，功率级别为 6～33dBm，分为 LEVEL6～LEVEL19 共 15 个级别；DCS 频段分为 373 个信道（512～885），功率级别为 0～30dBm，分为 LEVEL0～LEVEL15 共 15 个级别；每个信道有 15 个功率等级，测试时选上、中、下三个信道对 GSM 频段：功率级别 5 和 DCS 频段：功率级别 0 进行测试。

4）测试步骤：① 无线终端通过 RF 电缆与无线综合测试仪相连。② 根据通用呼叫建立程序，无线综测仪在绝对射频信号（ARFCN）中间范围的信道上与无线终端建立一个分组通信。无线综测仪通过配置无线终端以最多的时隙进行发射，功率控制级设为最大。③ 无线综测仪在选择高、中、低三个信道，GSM900 选择 1、62、124 三个信道，对功率级别 5 进行测试。DCS1800 选择 512、698、885 三个信道，对功率级别 0 进行测试。④ 观察无线综合测试仪此时的输出功率应满足：GSM900：33dBm±2dB，DCS1800：30dBm±2dB。⑤ TDD－LTE 的最大输出功率测试按①～④重复。

5）测试仪器设备：无线综合测试仪。

（3）载波频率误差。

1）技术要求：对于所测量的突发脉冲，载波频率误差要求在±0.1ppm 以内，即 GSM900MHz 频段的频率误差范围为 +90～−90Hz，DCS1800MHz 频段的频率误差范围为 +180～−180Hz。

2）测试目的：通过测量发射信号的频率误差可以检验发射机调制信号的质量和频率稳定度。频率误差小，则表示频率合成器能很快切换频率，并且产生出来的信号足够稳定。若频率稳定达不到要求（±0.1ppm），终端将出现信号弱甚至无信号的故障。

3）测试原理：综合测试仪是通过测量手机的 I/Q 调制信号，并通过相位误差做线性回归，计算该回归线的斜率得到频率误差的。无线综合测试仪捕捉一个发送突发信号，并对该突发的周期作一系列均匀间隔的相位抽样。抽样速率至少为 $2/T$，其中 T 为调制符号周期。对相伴轨迹至少作 294 个抽样。综测仪从已知比特格式按调制器的定义来计算理想的相位轨迹，相比较得出相位轨迹误差，通过该相位轨迹误差又可计算出其线性回归线，则该回归线的斜率即为发送机的频率误差。

4）测试步骤：① 无线终端通过 RF 电缆与无线综合测试仪相连。② 根据通用呼叫建立程序，无线综测仪在绝对射频信号（ARFCN）中间范围的信道上与无线终端建立一个分组通信。无线综测仪通过配置无线终端以最多的时隙进行发射，功率控制级设为最大。③ 无线综测仪在选择高、中、低三个信道，GSM900 选择 1、62、124 三个信道，对功率级别 5 进行测试。DCS1800 选择 512、698、885 三个信道，对功率级别 0 进行测试。④ 观察无线综合测试仪此时的载波频率误差应符合要求，在±0.1ppm 以内，即 GSM900MHz 频段的频率误差范围为 +90～−90Hz，DCS1800MHz 频段的频率误差范围为 +180～−180Hz。⑤ TDD－LTE 的载波频率误差测试按①～④重复。

5）测试仪器设备：无线综合测试仪。

（4）载波相位误差。

1）技术要求：对于所测量的突发脉冲，载波相位误差要求 RMS 相位误差≤5°@GMSK，最大峰值误差不大于 20°，RMSEVM 误差矢量幅度不大于 9.0%@8-PSK。

2）测试目的：通过测试相位误差了解终端发射通路的信号调制准确度及其噪声特性。可以看出调制器是否工作正常，功率放大器是否产生失真，相位误差的大小显示了 I、Q 数位类比转换器和高斯滤波器性能的好坏。发射机的调制信号质量必须保持一定的指标，才能当存在着各种外界干扰时保持无线链路上的低误码率。

3）测试原理：综合测试仪是通过测量手机的 I/Q 调制信号，并通过相位误差做线性回归，计算该回归线的斜率得到频率误差。无线综合测试仪捕捉一个发送突发信号，并对该突发的周期作一系列均匀间隔的相位抽样。抽样速率至少为 $2/T$，其中 T 为调制符号周期。对相伴轨迹至少作 294 个抽样。综测仪从已知比特格式按调制器的定义来计算理想的相位轨迹，相比较得出相位轨迹误差，通过该相位轨迹误差又可计算出其线性回归线，该回归线与每个抽样点的相位轨迹之差即为该点的相位误差。所有点的相位误差和其线性回归之间的差的均方根值即为相位误差的均方根值（RMS）。

4）测试步骤：① 无线终端通过 RF 电缆与无线综合测试仪相连。② 根据通用呼叫建立程序，无线综测仪在绝对射频信号（ARFCN）中间范围的信道上与无线终端建立一个分组通信。无线综测仪通过配置无线终端以最多的时隙进行发射，功率控制级设为最大。③ 无线综测仪在选择高、中、低三个信道，GSM900 选择 1、62、124 三个信道，DCS1800 选择 512、698、885 三个信道。对功率级别 5 进行测试。④ 观察无线综合测试仪此时的载波相位误差应符合 RMS 相位误差≤5°@GMSK，最大峰值误差不大于 20°，RMSEVM 误差矢量幅度不大于 9.0%@8-PSK。⑤ TDD-LTE 的载波相位误差测试按①～④重复。

5）测试仪器设备：无线综合测试仪。

6.1.2.5　温湿度影响试验

（1）低温。

1）技术要求：在温度偏差不大于±2℃条件下，以不超过 1℃/min 的变化率降温，待温度达到-20℃并稳定后开始计时，再使设备连续通电 8h，测试过程中数据收发性能不降低。

2）测试步骤：① 把通信模块通电，待通信模块正常联网运行时，放置到高低温箱内，高低温室以不超过 1℃/min 的变化率降温，待温度达到-20℃并稳定后开始计时，再使设备连续通电 8h。② 在刚开始时 1h 内、4h、8h 3 个时间区间内利用串口助手工具、中心演示工具互相的收发数据，建议自动发送周期设定为 2000ms。③ 观察记录通信模块掉线、数据丢失现象。

3）测试仪器：可程式高低温湿热实验室。

（2）高温。

1）技术要求：在温度偏差不大于±2℃条件下，以不超过 1℃/min 变化率升温，待温度达到 75℃并稳定后开始计时，再使设备连续通电 16h，测试过程中数据收发性能不降低。

2）测试步骤：① 把通信模块通电，待通信模块正常联网运行时，放置到高低温箱内，高低温室以不超过 1℃/min 变化率升温，待温度达到 75℃并稳定后开始计时，再使设备连续通电 8h。② 在计时开始时、4h、8h 3 个时间点利用串口助手工具、中心演示工具互相的收发数据，建议自动发送周期设定为 2000ms。③ 观察记录通信模块掉线、数据丢失现象。

3）测试仪器：可程式高低温湿热实验室。

（3）恒温湿热。

1）技术要求：试验室以不超过 1℃/min 的变化率升温，待温度达到 +40℃并稳定后再加湿到（93±3）%范围内，保持 48h，在试验最后 1h，测量设备绝缘电阻，不应小于 1.5MΩ。试验后数据收发性能不降低。

2）测试步骤：① 参照 GB/T 13729—2002 中 4.5 规定的试验方法进行测试，试验室的温度偏差不大于±2℃，相对湿度偏差不大于±2%，设备各表面与相应的室内壁之间最小距离不小于 150mm，凝结水不得滴到试验样品上，试验室以不超过 1℃/min 的变化率升温，待温度达到 +40℃并稳定后再加湿到（93±3）%范围内，保持 48h。② 在试验最后 1h，测量设备绝缘电阻不应小于 1.5MΩ。③ 试验结束后利用串口助手工具、中心演示工具互相的收发数据，建议自动发送周期设定为 2000ms。④ 观察记录通信模块掉线、数据丢失现象。

3）测试仪器：可程式高低温湿热实验室。

6.1.2.6　电磁兼容测试

（1）静电放电抗扰度。

1）技术要求：达到 4 级 A 类要求。

2）测试步骤：接好试验电路。按 GB/T 17626.2—2006 的规定和方法，进行静电放电试验，查看设备工作情况。利用串口助手工具、中心演示工具互相的收发数据，建议自动发送周期设定为 2000ms。观察记录通信模块掉线、数据丢失现象。

（2）电快速瞬变脉冲群抗扰度。

1）技术要求：达到 4 级 A 类要求。

2）测试步骤：接好试验电路。按 GB/T 17626.4—2008 的规定和方法，进行电快速瞬变脉冲群抗扰度试验，查看设备工作情况。利用串口助手工具、中心演示工具互相的收发数据，建议自动发送周期设定为 2000ms。观察记录通信模块掉线、数据丢失现象。

（3）浪涌抗扰度。

1）技术要求：达到 4 级 A 类要求。

2）测试步骤：① 接好试验电路。按 GB/T 17626.6—2008 的规定和方法，进行浪涌抗扰度测试，查看设备工作情况。② 利用串口助手工具、中心演示工具互相的收发数据，建议自动发送周期设定为 2000ms。观察记录通信模块掉线、数据丢失现象。

（4）射频场感应的传导骚扰抗扰度。

1）技术要求：达到 3 级 A 类要求。

2）测试步骤：① 接好试验电路。按 GB/T 17626.6—2008 的规定和方法，进行浪涌抗扰度测试，查看设备工作情况。② 利用串口助手工具、中心演示工具互相的收发数据，建议自动发送周期设定观察记录通信模块掉线、数据丢失现象。

（5）工频磁场抗扰度。

1）技术要求：达到 5 级 A 类要求。

2）测试步骤：① 接好试验电路。按 GB/T 17626.8—2006 的规定和方法，进行工频磁场抗扰度试验，查看设备工作情况。② 利用串口助手工具、中心演示工具互相的收发数据，建议自动发送周期设定为 2000ms。观察记录通信模块掉线、数据丢失现象。

（6）阻尼振荡波抗扰度。

1）技术要求：达到 3 级 A 类要求。

2）测试步骤：① 接好试验电路。按 GB/T 17626.12—1998 的规定和方法，进行脉冲磁场抗扰度试验，查看设备工作情况。② 利用串口助手工具、中心演示工具互相的收发数据，建议自动发送周期设定为 2000ms。观察记录通信模块掉线、数据丢失现象。

（7）电源暂时中断抗扰度。

1）技术要求：直流电源：0%/100ms，交流电源：0%/500ms。

2）测试步骤：① 接好试验电路。按 GB/T 17626.11 和 GB/T 17626.29 的规定和方法，控制电压跌落及短时中断，查看设备工作情况。② 利用串口助手工具、中心演示工具互相的收发数据，建议自动发送周期设定为 2000ms。观察记录通信模块掉线、数据丢失现象。

6.2　以太网通信装置检测技术

6.2.1　技术资料审查

技术资料审查的审查项目、审查要求见表 6-2。

表 6-2　　　　　　　　　　　技术资料审查的审查项目、审查要求

序号	审查项目	审查要求
1	型式试验报告	应具备在国家或国际认证的检测机构（如具有 CMA 或 CNAS 资质等）出具的型式试验报告
2	说明书	应具备使用说明书，说明书应具备基本操作、故障维护指引、参数设置等内容
3	测试说明书	应按《送检要求》和本方案中测试要求及方法编写测试说明书，要求对应测试项目的详细的操作步骤予以配置说明，必要时需附接线图并标明接线方法
4	送检设备信息表	设备信息表与实际送检设备一致
5	关键元器件信息表	关键元器件信息表与实际送检设备一致

6.2.2　基本性能测试

6.2.2.1　硬件结构

硬件结构的测试项目、技术要求见表 6-3。

表 6-3　　　　　　　　　　　硬件结构的测试项目、技术要求

序号	测试项目	技术要求
1	散热方式	散热方式为自然散热、无风扇
2	安装方式	三层工业交换机设备采用 19 英寸标准机架安装
3	指示灯	三层工业以太网交换机应在面板设置指示灯，面板应具有电源指示灯、告警指示灯和以太网接口状态指示灯及指示灯标识
4	接线要求	电源应采用端子式接线方式，应具有接地端子及对应的标识
5	接口配置	三层交换机支持不少于 2 个 1000M 单模光口、8 个 100M 单模光口、4 个 100M 电口
6	外壳防护	三层以太网交换机防护等级不低于 GB 4208—2008 外壳防护等级(IP 代码)规定的 IP30 要求

6.2.2.2　供电要求

（1）电源范围。

1）技术要求：三层交换机：直流 48V，允许偏差 −20%～＋20%。

2）测试步骤：① 检查设备电源电压范围；② 通过调压器调整供电电压，在 −80%～＋120% 额定电压内，测试端口 100% 负载率应无丢包。

（2）双电源热备份。

1）技术要求：支持冗余电源，支持无缝切换。双电源独立。

2）测试步骤：① 通过双电源供电；② 电源 1 断电，测试端口 100% 负载率，应无丢包，用万用表检查，应无反送电；③ 电源 1 恢复；④ 电源 2 断电，测试端口 100% 负载率，应无丢包，用万用表检查，应无反送电。

6.2.2.3　性能测试

（1）端口吞吐量。

1）技术要求：端口吞吐量达到 100%。

2）测试步骤：① 按照 RFC2544 规定，将交换机任意两个同类型端口与测试仪相连接，见图 6-1；② 配置流量发生器：测试帧长度分别为 64、65、256、1024、1518 字节；③ 测试时间为 60s。

（2）存储转发时延。

1）技术要求：平均时延应小于 10μs。

2）测试步骤：① 按照图 6-1，将交换机任意两个

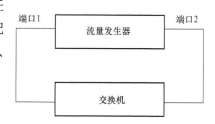

图 6-1　交换机吞吐量测试图

同类型端口与测试仪相连接；② 两个端口同时以相应负载互相发送数据，测试帧长度分别为 64、65、256、1024、1518 字节，测试时间为 60s，负载率设置为：重载 95%，轻载 10%。③ 记录不同帧长的平均存储转发时延。

（3）帧丢失率。

1）技术要求：在端口转发速率达到 100% 的情况下，丢包率应为 0。

2）测试步骤：① 按照图 6-1，将交换机任意两个同类型端口与测试仪相连接；② 两个端口同时互相发送数据，测试帧长度分别为 64、65、256、1024、1518 字节，测试时间为 60s，负载率设置为 100%；③ 记录不同帧长的丢包率。

（4）队头阻塞测试。

1）技术要求：应支持避免队头阻塞的功能。不堵塞端口帧丢失为 0。

2）测试步骤：① 按图 6-2，从交换机任意选取 4 个端口与测试仪相连接，分别定为端口 A、端口 B、端口 C 和端口 D。② 网络测试仪、交换机均关闭流控，1→2 发送 100% 流量，3→2 发送 50% 流量，3→4 发送 50% 流量。③ 记录端口 D 是否有丢包。

（5）三层转发速率。

1）技术要求：建议设备端口线速转发数据帧。

2）测试步骤：① 按图 6-3 搭建测试环境；② testerport1 地址为 192.168.1.100/24，port2 地址为 192.168.2.100/24；③ DUTport1 地址为 192.168.1.1/24，port2 地址为 192.168.2.1/24；④ 测试仪从端口以最大负荷，不同帧长度（64、128、256、512、1024、1518byte）发送数据，测试时间为 30s。⑤ 记录转发速率。

图 6-2 队头阻塞测试图

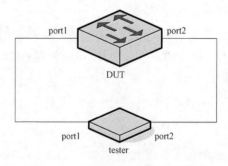

图 6-3 三层包转发速率测试图

（6）错误帧过滤功能。

1）技术要求：三层交换机应支持对 CRC 校验错误帧的过滤功能。

2）测试步骤：① 按图 6-1，任选交换机两个端口作为测试端口；② 端口 1 向端口 2 发送 CRC 校验错误帧，观察接收情况，交换机应过滤 CRC 校验错误帧。

6.2.2.4 绝缘性能测试

（1）绝缘电阻测试。

1）技术要求：试验部位为电源、告警、以太网口，绝缘电阻不小于 20MΩ。

2）测试步骤：① 绝缘电阻的测量应在以下部位进行：每个电路与外露导电部位之间（每个独立电路的端子连接在一起）；每个独立电路之间（每个独立电路的端子连接在一起）。② 当具有相同绝缘电压的电路对外露导电部位测量时，这些电路可以连接在一起。③ 测量电压应直接施加于端子；应施加 500×（1±10%）V 的直流电压并达到稳定值至少 5s 后测量直流电阻。

（2）介质强度测试。

1）技术要求：试验部位为电源、告警、以太网口，试验电压 0.5kV。

2）测试步骤：① 试验应施加于：每个电路与外露导电部分之间，每个独立的电路端子连接在一起；各独立电路之间，各个独立电路的端子连接在一起。② 试验电压频率应为 50Hz 的正弦波，也可采用直流电压，直流电压为交流额定电压的 1.4 倍。③ 将电压施加于被测回路，从初始值均匀上升至被测回路并保持 1min，然后尽快平降至零，在试验过程中，不应出现击穿或闪络。

（3）冲击测试。

1）技术要求：试验部位为电源、告警、以太网口，试验电压 1.0kV。

2）测试步骤：① 除施加冲击电压的回路外，其他电路和外露导电部分应连接在一起并接地。② 检验电气间隙的试验时，每个极性至少施加 3 个脉冲，每个脉冲间隔至少 1s。③ 除非有特殊规定外，冲击电压应在下列部位进行：在每个电路（或规定的冲击电压相同的每组电路）与外露导电部件之间，对该电路（或该组电路）施加规定的冲击电压；在独立电路之间，每个独立电路的端子连接在一起。④ 试验过程中应无击穿或损坏现象。

6.2.2.5 功率消耗测试

（1）技术要求：满载时整机功耗宜不大于（10+1×电接口数量+2×光接口数量）W。

（2）测试步骤：通过程控直流源读取直流供电交换机的功率消耗。

6.2.3 二层功能测试

6.2.3.1 光功率测试

（1）技术要求：应与厂商标称范围相符。

（2）测试步骤：① 按图 6-4 光功率测试图连接；② 将光功率计设置到相应波长档位；③ 流量发生器在交换机任意输入端口发送广播报文；④ 把光功率计接到光口输出端进行测量。

图 6-4 光功率测试图

6.2.3.2 接收灵敏度测试

（1）技术要求：应与厂商标称范围相符。

（2）测试步骤：① 按图 6-5 光口接收灵敏度测试图连接；② 将光功率计设置到相应波长挡位；③ 调整光衰耗计，使交换机处于丢帧和正常通信的临界状态；④ 在 A 点处断开，接上光功率计测量光功率。

6.2.3.3 地址缓存能力

（1）技术要求：三层交换机不低于 16k。

（2）测试步骤：① 按照 RFC 2889 中规定，将交换机三个端口与测试仪连接，分别为端口 1（测试端口），端口 2（学习端口），端口 3（监视端口），见图 6-6；② 测试方法采用 RFC 2889 标准测试方法。

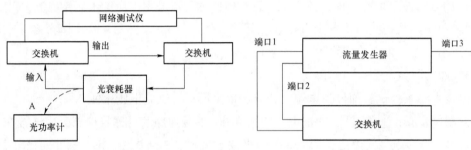

图 6-5 光口接收灵敏度测试图　　图 6-6 地址缓存能力测试图

6.2.3.4 地址学习速率

（1）技术要求：应不低于 1000 帧/s。

（2）测试步骤：① 按照 RFC 2889 规定，将交换机三个端口与测试仪连接，分别为端口 1（测试端口），端口 2（学习端口），端口 3（监视端口），见图 6-6；② 测试方法采用 RFC 2889 标准测试方法。

6.2.3.5 虚拟局域网 VLAN 功能

（1）技术要求：① 应支持 IEEE 802.1Q 规定的 VLAN 功能；② 至少应支持 4094 个 VLAN 划分；③ 应支持根据端口划分 VLAN 方式，应支持在转发的帧中插入标记头，删除标记头，修改标记头，支持 VLANTrunk 功能。

（2）测试步骤：① 测试帧长度为 128 字节，测试时间为 30s。② 任意选取 3 个端口与测试仪相连接，测试配置图如图 6-7 所示。③ 在测试仪端口 3 上构造 7 个数据流：数据流 1：无 VID 标识 IPv4 报文；数据流 2：VID 为 100 的 IPv4 报文；数据流 3：VID 为 4094 的 IPv4 报文；数据流 4：无 VID 标识的组播报文；数据流 5：VID 为 100 的组播报文；数据流 6：VID 为 4094 的组播报文；数据流 7：广播报文，无 VID 标识。④ 交换机端口均设置为 untagged，端口 A 设置为 VLAN100，端口 B 设置为 VLAN4094，端口 C 设置为 TRUNK 口、VLAN1，其他端口默认设置。⑤ 网络测试仪端口 3 向端口 1、端口 2 分别以 10%负载发送数据。⑥ 记录不同数据流的帧丢失率，判断 VLAN 是否划分成功。⑦ 在测试仪端口 1、端口 2 上构造以上 7 个数据流。⑧ 端口 1、端口 2 分别向端口 3 以 10%负载发送数据。⑨ 记录不同数据流的帧丢失率，判断 VLANTRUNK 是否成功。

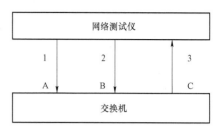

图 6-7　虚拟局域网 VLAN 测试图

注：测试后应仔细察看各 VLAN 中结果是否与预期结果一致。

（3）预期结果：测试仪发送到交换机的数据流，若 VLANID 不同，则交换机丢弃该数据流（入口不透传）或转发至相应 VLAN 端口（入口透传）；若相同则转发至相同 VLAN 的端口。广播风暴仅可在 VLAN 内广播。

6.2.3.6　优先级 QoS

（1）技术要求：① 应支持 IEEE 802.1p 流量优先级控制标准；② 应至少支持 4 个优先级队列，具有绝对优先级功能。

（2）测试步骤：① 按图 6-7，从交换机任意选取三个端口与测试仪相连接，分别定为端口 1、端口 2 和端口 3，交换机配置为绝对优先级；② 端口 1 和端口 2 同时端口 3 发送数据；③ 在端口 1 构造两条优先级分别为 7 和 5 的数据流，在端口 2 构造两条优先级分别为 3 和 1 的数据流；④ 测试帧长度为 64 字节，测试时间 30s，端口负荷设置为 100%；⑤ 记录不同数据流的帧丢失率，判断优先级是否设置成功。

6.2.3.7　端口镜像

（1）技术要求：支持单端口镜像和多端口镜像，镜像端口在不丢失数据的前提下应保证系统要求的转发速率。

（2）测试步骤：① 测试帧长度为 64 字节，测试时间不小于 30s；② 测试配置图如图 6-8 所示，交换机端口 4 设置成镜像端口，端口 1 和端口 3 设置成被镜像端口，镜像方式为输入和输出同时镜像；③ 端口 1 向端口 2 双向发送数据，端口 2 和端口 3 双向发送数据，负载率分别为 25%；④ 记录端口 4 接收到的数据帧数量，判断镜像功能是否设置成功。

6.2.3.8　多链路聚合

（1）技术要求：链路聚合时不应丢失数据。

（2）测试步骤：① 按图 6-9 建立测试环境；② 将交换机 1 的 2 个端口和交换机 2 的 2 个端口对应连接。将交换机 1 的 2 个端口配置为一个静态聚合端口，交换机 2 的 2 个端口配置为一个静态聚合端口；③ 由测试仪 1、3 端口分别向 2、4 端口发送数据流，负载率为 100%；④ 在测试仪的 2、4 端口观察流量的接收情况，应无丢包；⑤ 断开交换机 1 和交换机 2 间的 1 条链路，观察流量的接收情况，应各丢 50%；⑥ 停掉 3 向 4 的数据流，观察 1 向 2 的数据流的接收情况，应无丢包。

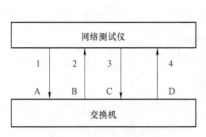

图 6-8　端口镜像测试图

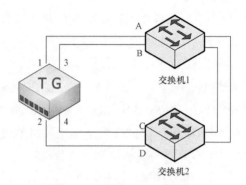

图 6-9　多链路聚合测试图

6.2.3.9　网络风暴抑制

（1）技术要求：① 应支持广播风暴抑制、组播风暴抑制和未知单播风暴抑制功能，默认设置广播风暴抑制功能开启。② 网络风暴实际抑制值不应超过抑制设定值的110%。

（2）测试步骤：① 连接流量发生器与交换机，如图6-10所示；② 测试帧长设为64，端口负载为满负载，测试时间为30s；③ 交换机同时开启广播风暴抑制、组播风暴抑制和

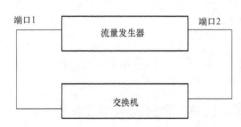

图 6-10　网络风暴抑制测试图

未知单播风暴抑制功能；④ 使用默认抑制值或者设置抑制值为1M；⑤ 端口1向端口2发送3条数据流，分别为 Stream1（广播帧）、Stream2（组播帧）、Stream3（IPv4帧），端口2向端口1发送2条数据流，分别为Stream1（组播帧）、Stream2（未知单播帧）；⑥ 记录不同数据流的帧丢失率，判断网络风暴抑制功能是否设置成功；⑦ 根据帧丢失率，计算网络风暴抑制比偏差。

6.2.3.10　网络风暴抑制配置

（1）技术要求：风暴抑制值宜可由用户设定，宜支持广播风暴、组播风暴和未知单播风暴的抑制值独立设置，网络风暴抑制最小粒度宜不超过64kbits/s或者1pps。

（2）测试步骤：① 连接流量发生器与交换机，如图6-10所示；② 测试帧长设为64，端口负载为满负载，测试时间为30s；③ 交换机同时开启广播风暴抑制、组播风暴抑制和未知单播风暴抑制功能；④ 设置抑制值为1M+粒度；⑤ 端口1向端口2发送3条数据流，分别为 Stream1（广播帧）、Stream2（组播帧）、Stream3（IPv4帧），端口2向端口1发送2条数据流，分别为 Stream1（组播帧）、Stream2（未知单播帧）；⑥ 记录不同数据流的帧丢失率，判断网络风暴抑制功能是否设置成功；⑦ 根据帧丢失率，验证网络风暴抑制粒度是否生效。

6.2.3.11　生成树协议

（1）技术要求：应支持生成树协议（STP、RSTP），在出现环路时能完成生成树计算，当出现链路故障时可自动完成网络拓扑的重构。

（2）测试步骤：① 将 4 台交换机按照图 6-11 连接，级联口均采用 100M 光口。② 整个组网设备间运行标准生成树协议，配置各设备的生成树参数。③ 观察设备能否根据配置的参数修剪环路，完成生成树。④ 阻断开设备目前的生成树链路，观察设备是否可自动完成网络拓扑重构。⑤ 启用所有交换机的 RSTP 功能。⑥ 在任意两台交换机之间加载 95Mbit/s 数据流量。⑦ 拔插环网中的任一链路，查看网络是否可以正常收敛。

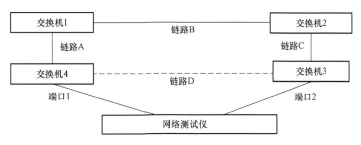

图 6-11　生成树、环网倒换时间测试图

6.2.3.12　环网倒换时间

（1）技术要求：环网恢复时间通过每个交换机不超过 50ms。

（2）测试步骤：① 将 4 台交换机按照图 6-11 连接，允许交换机启用私有环网协议；② 在整个试验过程中，端口 1、端口 2 互发数据流，测试帧长度为 64 字节，测试时间为 30s，负荷率分别为 10% 和 95%；③ 分别拔插 A、B、C 路径，测试环网恢复时间。

注：环网倒换时间（ms）= $\dfrac{\text{帧丢失数}}{\text{总发送帧数}}$ × 测试时间（ms）。

6.2.3.13　自动掉电光路切换

（1）技术要求：支持自动掉电光路切换功能。

（2）测试步骤：① 将 4 台交换机按照图 6-11 连接，去除链路 D 连线；② 在整个试验过程中，端口 1、端口 2 互发数据流，测试帧长度为 64 字节，测试时间为 30s，负荷率分别为 10% 和 95%；③ 分别给交换机 1、2 断电，测试交换机是否自动切换光路。

6.2.4　三层功能测试

6.2.4.1　路由表容量

（1）技术要求：应与厂商标称容量相符。

（2）测试步骤：① 按图 6-12 搭建测试环境；② testerport1IP 地址为 192.168.1.100/24，port2IP 地址为 192.168.2.100/24；③ DUTport1IP 地址为 192.168.1.1/24，port2IP 地址为

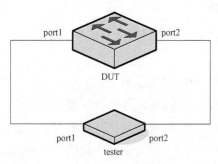

图6-12　测试环境

192.168.2.1/24；④ 配置 DUT 与 tester 在相同 Area 域，DUT 的接口 1、2 分别和 tester 建立 OSPF 邻居；⑤ Tester 的接口 port1、port2 分别向 DUT 的接口 port1、port2 发布 Type5 类型的 LSA，总数为被测交换机路由表容量的规定值；⑥ 查看并记录被测交换机的 OSPF 生成的路由表统计信息。

6.2.4.2　IP 广播功能

（1）技术要求：① 有限广播不能转发；② 三层交换机必须将网络前缀直接广播作为有效。

（2）测试步骤：① 按图 6-12 搭建测试环境；② testerport1 地址为 192.168.1.100/24，port2 地址为 192.168.2.100/24；③ DUTport1 地址为 192.168.1.1/24，port2 地址为 192.168.2.1/24；port1 和 port2 均开启直接广播支持；④ testerport1 发送目的地址为 255.255.255.255 的数据包；⑤ testerport1 发送目的地址为 192.168.2.255 的数据包；⑥ DUTport2 配置 192.168.3.0 路由；⑦ testerport1 发送目的地址为 192.168.3.255 的数据包；⑧ 记录步骤④、⑤、⑦中 testerport2 是否收到广播包。

6.2.4.3　互联网控制消息协议（ICMP）

（1）技术要求：① 三层交换机必须有能力发送 ICMP 目的地不可达消息并且能选择一个与不可达原因最接近的编码。② 交换机必须实现 ICMPEcho 服务器功能。

（2）测试步骤：① 按图 6-12 搭建测试环境；② testerport1 地址为 192.168.1.100/24，port2 地址为 192.168.2.100/24；③ DUTport1 地址为 192.168.1.1/24，port2 地址为 192.168.2.1/24；④ testerport1 向 192.168.1.1 发送 ping 包，观察是否能收到正确的响应；⑤ testerport1 向 192.168.3.1 发送 IP 包，观察是否能收到正确的响应（网络不可达，类型为 3，编码为 0）；⑥ testerport1 向 192.168.1.1 发送 IP 包，协议号为 100，观察是否能收到正确的响应（协议不可达，类型为 3，编码为 2）；⑦ testerport1 向 192.168.1.1 发送 IP 包，协议号为 17 端口为 100，观察是否能收到正确的响应（端口不可达，类型为 3，编码为 3）。

6.2.4.4　动态主机配置协议（DHCP）

（1）技术要求：具有 DHCP 服务器功能，能响应来自 DHCP 客户端的请求。

（2）测试步骤：① 按图 6-12 搭建测试环境；② DUTport1 地址为 192.168.1.1/24，DUT 上开启 DHCP 服务，设置为 DHCP 服务器，配置地址池 192.168.1.2～192.168.1.254；③ testerport1 作为 DHCP 客户端，发送 DHCP 请求；④ 观察客户端能否接收到正确的地址配置。

6.2.4.5　静态路由

（1）技术要求：三层交换机应提供一种途径来定义到特定目的地的静态路由。

（2）测试步骤：① 按图 6-13 建立测试环境；② testerport1IP 地址为 192.168.1.100/24，port2 地址为 192.168.2.100/24；③ DUT1port1IP 地址为 192.168.1.1/24，port2 地址为 1.1.1.1/24；④ DUT2port2IP 地址为 192.168.2.1/24，port1 地址为 1.1.1.2/24；⑤ 在 DUT1、DUT2 上配置 testerport1 和 port2 之间的静态路由；⑥ 测试仪 tester 使用 port1、port2 发送双向数据流，检验连通性。

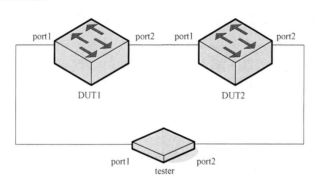

图 6-13　交换机静态路由功能测试拓扑图

6.2.4.6　路由信息协议（RIP）

（1）技术要求：三层交换机应当实现 RIPv2。

（2）测试步骤：① 按图 6-12 建立测试环境；② testerport1IP 地址为 192.168.1.100/24，port2 地址为 192.168.2.100/24；③ DUT1port1IP 地址为 192.168.1.1/24，port2IP 地址为 192.168.2.1/24；④ 在 DUT 上配置 RIPv2 路由协议；⑤ testerport1 从 UDP 端口 520 向组播地址 224.0.0.9 的 520UDP 端口发送地址簇为 2，RIP 条目为 192.168.4.0/255.255.255.0/8 的 RIPv2 应答报文，周期为 1s，观察 DUT 的路由表变化，观察 port2 是否收到路由更新报文。⑥ 停止发送步骤⑤的报文，testerport1 从 UDP 端口 520 向组播地址 224.0.0.9 的 520UDP 端口发送地址簇为 2，RIP 条目为 192.168.4.0/255.255.255.0/6 的 RIPv2 应答报文，周期为 1s，观察 DUT 的路由表变化，观察 port2 是否收到路由更新报文。⑦ 停止发送步骤⑥的报文，testerport1 从 UDP 端口 520 向组播地址 224.0.0.9 的 520UDP 端口发送地址簇为 2，RIP 条目为 192.168.4.0/255.255.255.0/10 的 RIPv2 应答报文，周期为 1s，观察 DUT 的路由表变化，观察 port2 是否收到路由更新报文。

6.2.4.7　开放式最短路径优先路由协议（OSPF）

（1）技术要求：支持开放式最短路径优先协议（OSPFv2，RFC2328）。

（2）测试步骤：① 按图 6-12 建立测试环境；② testerport1IP 地址为 192.168.1.100/24，port2 地址为 192.168.2.100/24；③ DUTport1IP 地址为 192.168.1.1/24，port2 地址为 192.168.2.1/24；④ 在 DUT 上配置 OSPFv2 路由协议；⑤ 测试仪 tester 使用 port1、port2 建立 OSPF 路由器，在 port1 插入一些 LSA，并使 port1 和 DUT 的 port1 达到 FULL 状态，port2 和 DUT 的 port2 达到 FULL 状态，观察 port2 是否能得到 port1 的 LSA。

6.2.4.8　互联网组管理协议（IGMP）

（1）技术要求：① 交换机应支持 ICMP 基本功能；② 能兼容 IGMPv1、IGMPv2 和 IGMPv3。

（2）测试步骤：① 按图 6－12 建立测试环境。② testerport1 地址为 192.168.1.100/24，port2 地址为 192.168.2.100/24。③ DUTport1 地址为 192.168.1.1/24，port2 地址为 192.168.2.1/24。④ DUT 设置 IGMPv2 组播查询。⑤ tester 向 port1 发目的地址为 225.1.1.1，TTL＝1 的 IGMPv2 应答报文，其组地址域也为 225.1.1.1，周期为 1s。⑥ 停止发送步骤⑤中的 IGMPv2 应答报文，观察交换机组播组成员变化。⑦ tester 向 port1 发目的地址为 225.1.1.1，TTL＝1 的 IGMPv2 应答报文，其组地址域也为 225.1.1.1，周期为 1s，停止发送应答报文之后 tester 立刻向 port1 发目的地址为 224.0.0.2，TTL＝1 的 IGMPv2 离开报文，其组地址域为 225.1.1.1。观察交换机组播组成员变化。⑧ 停止发送步骤⑦中的报文。⑨ 检查 DUT 配置，看是否支持 IGMPv1、IGMPv2、IGMPv3。

6.2.4.9　支持网关数

（1）技术要求：交换机端口应能通过配置路由口方式或者 VLANInterface 方式设置为网关。

（2）测试步骤：① 记录三层交换机配置网络层地址的方式（路由口配置方式或者 VLANInterface 方式）；② 记录三层交换机可配置的网关数目；③ 按图 6－12 建立测试环境；④ testerport1 地址为 192.168.9.100/24，port2 地址为 192.168.11.100/24；DUTport1 和 port2 分别配置 192.168.9.0 网段和 192.168.11.0 网段网关，抽样验证网关是否配置成功。

6.2.4.10　虚拟路由冗余协议（VRRP）

（1）技术要求：支持虚拟路由冗余协议。

（2）测试步骤：① 按图 6－14 建立测试环境。② DUT1 和 DUT4 为二层接入交换机。③ DUT2（主机）和 DUT3（备机）组成双机冗余。两机之间可增加心跳线。④ testerport1IP 地址为 192.168.1.100/24，port2 地址为 192.168.2.100/24。⑤ DUT2port1 与 DUT3port1 作为 192.168.1.0 网段网关，代表 IP 为 192.168.1.1/24。⑥ DUT2port2 与 DUT3port2 作为 192.168.2.0 网段网关，代表 IP 为 192.168.2.1/24。⑦ tester 构建 port1 至 port2 的流量，帧长设置为 256bytes，流量设置为 10000 帧/s，网关设置为 VRRP 组的虚拟 IP 地址，查看并记录数据的接收情况。⑧ 断开交换机 DUT1 与 VRRP 主机的连接，查看并记录 DUT2、DUT3 上 VRRP 的状态及数据的丢失情况，根据丢包数量和发包速率计算 VRRP 的收敛时间，恢复交换机链路，查看 DUT2、DUT3 上 VRRP 的状态，重新发送数据流。⑨ 重复步骤⑦、⑧两次。

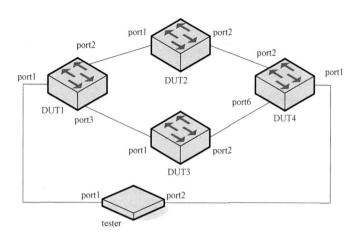

图 6−14　交换机虚拟路由冗余协议测试拓扑图

6.2.5　网管功能测试

6.2.5.1　管理安全

（1）技术要求：① 应支持基于 MAC 的捆绑功能，要求管理 PC 的 MAC 地址只能为允许的或禁止的特定的 MAC 地址；② 应支持用户权限管理，至少支持管理员权限和普通用户权限，普通用户不能修改设置；③ 具备密码管理，密码不少于 8 位，为字母、数字或特殊字符组合而成；④ 提供日志查阅功能，可以对交换机登录、修改设置等进行查阅。

（2）测试步骤：① 验证 MAC 的捆绑功能；② 分别通过超级终端、Telnet、Web、SNMP 等方式管理交换机验证用户权限设置、密码管理和日志查阅功能。

6.2.5.2　失电告警

（1）技术要求：① 当电源断电或故障时应能够提供硬接点输出。② 当电源断电或故障时应能够提供网络告警，即将断电告警上传网管。③ 单电源故障时，应将告警上传网管。

（2）测试步骤：① 通过双电源供电；② 单电源失电情况下，用万用表检查失电告警硬接点是否输出，检查能否上送网管告警信息；③ 双电源失电情况下，用万用表检查失电告警硬接点是否输出，检查能否上送网管告警信息。

6.2.5.3　网络管理协议

（1）技术要求：至少支持 SNMPV1/V2/V3 中的一种。

（2）测试步骤：① 通过网管软件分别启用 SNMPV1/V2/V3 管理交换机；② 应能连接交换机并进行管理。

6.2.5.4　网络拓扑自动发现

（1）技术要求：具备自动生成网络拓扑结构功能。

（2）测试步骤：① 通过网管软件管理多台交换机；② 检查拓扑自动发现功能。

6.2.5.5 状态监控

（1）技术要求：支持设备整体运行状态监视和展示、设备端口状态监视和展示等功能。

（2）测试步骤：① 网管软件连接交换机；② 检查网管软件是否支持设备整体运行状态监视和展示、设备端口状态监视和展示等功能。

6.2.5.6 日志管理功能

（1）技术要求：应支持日志管理功能，系统日志的内容至少应包括正常流量统计、异常流量统计、用户行为、配置改变、网络拓扑改变、告警信息。

（2）测试步骤：通过网管软件检查系统日志的内容是否包括正常流量统计、异常流量统计、用户行为、配置改变、网络拓扑改变、告警信息。

6.2.5.7 统计功能

（1）技术要求：应支持统计功能，统计信息至少应包括设备资源利用率、带宽利用率、端口转发包数、丢弃包数。

（2）测试步骤：检查网管软件的统计信息是否包括设备资源利用率、带宽利用率、端口转发包数、丢弃包数。

6.2.5.8 告警信息

（1）技术要求：交换机应至少应支持端口掉线、电源失电等告警信息。

（2）测试步骤：检查告警信息是否包括端口掉线、电源失电等。

6.2.5.9 Web 网管

（1）技术要求：应支持 Web 页面配置，配置范围至少应包括 VLAN、优先级、网络风暴抑制、链路聚合、端口镜像、组播配置、生成树协议配置、静态路由配置。

（2）测试步骤：检查配置范围是否涵盖 VLAN、优先级、网络风暴抑制、链路聚合、端口镜像、组播配置、生成树协议配置、静态路由配置。

6.2.5.10 支持第三方统一网管

（1）技术要求：支持开放实现第 3 方统一网管所需的拓扑管理、设备配置管理（至少应包括端口表、端口流量信息、设备交换表信息、VLAN 信息、CPU、内存信息）等 MIB 库信息以及进行 ftp 或者 tftp 备份的命令。

（2）测试步骤：① 将装有第三方网管软件（基于 SNMP）的 PC 通过网线直连被测交换机任一电口，配置 SNMPv2 连接；② 通过网管读取交换机端口表、端口流量信息、设备交换表信息、VLAN 信息、CPU、内存信息属性值（不能由网管读取的通过 MIB 浏览器读取）；③ 记录读写是否正常，是否与交换机实际配置一致；④ 通过 ftp 或者 tftp 进行配置文件上传、下载；⑤ 查看上传/下载的配置文件与交换机实际配置是否一致。

第7章
配电网自动化设备全景检测技术

7.1 配电网自动化检测技术概述

7.1.1 配电网自动化

（1）传统配电网自动化。配电网自动化是利用现代计算机及通信技术，将配电网的实时运行、电网结构、设备、用户以及地理图形等信息进行集成，构成完整的自动化系统，实现配电网运行监控及管理的自动化、信息化。

随着配电网自动化技术的发展，配电网自动化已经成为一项集计算机技术、自动控制技术、数据通信、信息管理技术于一身的综合信息管理系统。

配电网 SCADA 系统是为值班人员对配电网进行调度管理，提供人机交互界面。在 SCADA 系统平台上运行各种高级应用软件，即可实现各种配电网运行自动化功能。此外，它还为配电 GIS 系统、MIS 系统提供反映配电网运行状态的实时数据。

配电网 SCADA 系统由主站、通信网络、各种现场监控终端组成，如图 7-1 所示。

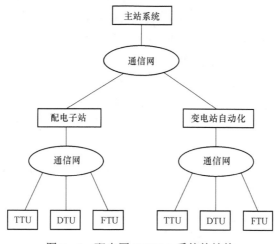

图 7-1 配电网 SCADA 系统的结构

1）主站系统。配电主站是配电网自动化系统的核心部分，负责收集并保存来自现场自动装置的实时数据；录入并保存反映配电网和设备状态、接线关系以及用户情况的离线数据；

提供图形化用户界面（Graphic User Interface，GUI）供调度值班人员对配电网进行实时监控、管理以及系统本身的维护；提供与其他系统（如配电 GIS 系统、MIS 系统）的接口等。

2）现场终端。现场终端包括安装在开关站和公用及用户配电所的监控终端（Distribution Terminal Unit，DTU），安装在线路柱上开关上的线路监控终端（Feeder Terminal Unit，FTU），安装在配电变压器上的配变监测终端（Transformer Terminal Unit，TTU），它们采集并向主站传送断路器、负荷开关、变压器等配电设备的运行数据，接受主站控制命令，完成开关等一次设备的操作。

3）通信网络。通信网络提供现场终端与 SCADA 主站之间的通信通道。一般来说，变电所、开闭所的 DTU 或变电所自动化系统直接与主站系统通信，交换监控数据，它们之间的网络称为主干通信网；而 FTU、TTU 的数据由变电所内 RTU 或自动化系统转发，它们之间的网络则称为分支通信网。有些情况下，为进一步优化通信通道的配置，还使用配电子站向主站系统转发附近小区内 FTU、TTU 的数据。

（2）高级配电网自动化。作为提高供电可靠性与配电网运营管理效率的重要技术手段，配电网自动化受到了供电业界的广泛重视。智能配电网（Smart Distribution Grid，SDG）是智能电网的重要组成部分。根据智能配电网的定义和功能，配电网自动化是其主要的技术内容，但是智能配电网的提出使其面临新的机遇与挑战。与传统的配电网自动化相区别，SDG 中的配电网自动化成为高级配电网自动化。

高级配电网自动化包含高级配电运行自动化（DOA）和高级配电管理自动化（DMA）两方面的技术内容，如图 7-2 所示。高级配电运行自动化完成配电网安全监控与数据采集、馈线自动化、电压无功控制、分布式电源调度等实时应用功能；高级配电管理自动化以地理图形为背景信息，实现配电设备空间与属性数据以及网络拓扑数据的录入、编辑、查询与统计管理。在此基础上，高级完成停电管理、检修管理、作业管理、移动终端检修车管理等离线或实时性要求不高的应用功能。

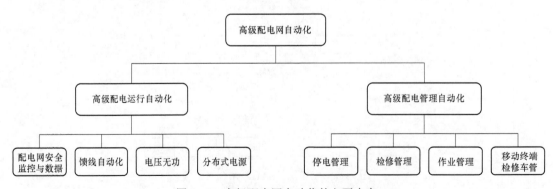

图 7-2　高级配电网自动化的主要内容

7.1.2　典型测试技术及其优缺点分析

配电网自动化系统设备产品质量和技术性能直接关系到配电网运行的安全稳定。供电企业对配电网自动化系统的各种相关技术规范标准中都规定了相关的试验、测试来验证设备的各项功能和技术指标是否满足运行要求，为配电网自动化系统的安全稳定运行提供保障。

按产品生命期可以大致分为产品研制、市场认可及供货与接入系统三个阶段，在每个阶段都有各自不同的测试与运行过程。按配电网自动化系统相关技术标准的规定，在产品研制阶段，对产品进行功能测试和形式测试。在市场认可阶段，进行产品技术鉴定，取得入网许可证。在供货和接入系统阶段，进行出厂测试和现场测试。下面以常见的配电网自动化终端入网测试为例分析目前传统测试技术的优缺点。

（1）配电网自动化终端测试。配电网自动化终端是配电网自动化系统的关键设备，是连接一次设备与自动化主站系统的中间桥梁，具备采集、监视、控制、保护等功能，其功能与性能直接关系到配电网运行的安全稳定。测试配电网自动化终端涉及的项目多、要求高。测试项目主要内容包括结构及机械性能测试、环境影响测试、功能测试、基本性能测试、安全性能测试及电磁兼容测试。

通过对现有配电网自动化终端测试的内容、方法和测试后编写的测试报告进行总结分析，传统测试具有以下特点，如图 7-3 所示。

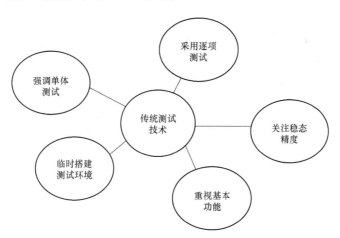

图 7-3　传统测试技术的基本特点

1）强调单体测试。通常，对终端设备的测试往往采用单体测试的方法，即在一次测试过程中只对一台设备进行测试，不对装置在系统中的协调配合能力进行测试。

2）采用逐项测试。随着配电网的发展，终端设备的功能日益加强，对终端的性能要求也进一步提高，终端的测试项目随之增多，以传统 DTU 测试为例，其基本功能测试多达 50 余项。传统测试中，一般采取逐条逐项地测试方法。

3）关注稳态精度。对于终端设备而言，测量精度是其基本功能，该指标不但涉及采集电网信息，还对装置的继电保护功能产生重大影响。传统测试中，对终端测量精度的测试一般测试其稳态精度。

4）重视基本功能。在测试方案和测试过程中往往只注重基本的、表面的功能测试，忽略了一些实际运行中更重要的性能测试，如设备 CPU 的处理能力，设备在满载、饱和运行状态下的响应能力等。

5）临时搭建测试环境。终端测试的项目多，测试工具零散，进行测试需临时搭建测试环境，开展测试工作。

（2）优缺点分析。传统的测试技术为广大电力用户提高应用系统的产品质量，为生产制造厂家缩短应用系统的开发周期，节约应用系统的开发成本，减少现场的服务时间，推动了配电网自动化系统的实用化，促进技术进步，提高了应用水平。

但从以上的测试过程来看，传统的配电网自动化测试技术还有以下的不足有待解决：

1）传统测试技术的测试内容分散。目前没有一种适合配电网自动化设备测试的测试体系和一体化测试平台，无法验证各个环节和各测试内容间的内在联系与相互作用的影响。为了进行测试需临时搭建测试环境，测试工作往往出现现场凌乱，工作安全性无法保障等问题。

2）传统的测试技术各测试内容大多针对单一功能。在针对配网终端装置的遥测测试中，只能体现遥测精度的单一指标。在针对配网终端装置的遥信测试中，只能体现遥信分辨率的单一指标。未能将遥测、遥信、遥控作为一个类似于闭环控制系统得以体现，与终端装置在现场运行的实际需求存在差异。

3）传统的测试技术的部分测试项目采用仿真测试。依赖于软件的模拟与仿真，不能体现终端设备的实际运行情况，测试的结果也与实际运行有区别。在传统测试中，仿真测试的优点是方便快捷，但其缺点也很明显，即仿真往往是理想状况，而实际中的干扰因素是多方面的，仿真测试无法对装置在生产中的工作情况进行全方位评估。

4）传统测试技术不能有效地测试设备之间的联调能力。在配电网自动化系统测试中，未考虑到设备之间的配合测试，如二次控制器与一次开关或系统主站是否能很好地配合，完成通信、控制、测量、监视等功能。如图所示：主站、终端、开关三者之间通信接口、通信规约是否能正确配合，信息是否正常交互；主站发送开关分/合控制命令，终端是否能正确接收命令并控制开关动作；终端是否正确采集开关信息并上传主站等联动能力应在测试中得到认证。孤立地去做单体测试，在经过实验室测试后仍不能有效地验证设备在整个系统运行情况，在设备投入现场时仍需花大量的工作去进行设备与系统的调试。

5）传统测试技术无法测试装置动态响应能力。传统测试技术在配电网自动化各测试内容中，均只能体现数据的静态测试过程，体现不出终端与系统的动态测试响应过程，无法进行关键数据的动态跟踪测试。而设备在现场运行时的动态特性才是衡量设备性能的重要指标，实验室测试中没有充分考虑设备在现场运行工况和环境下的特性，测试结果的不确定度必将较大，无法有效地作为判断设备性能优劣的依据。

6）传统测试技术操作繁琐，工作量大。利用传统测试方法对配网终端设备进行测试，由于其自身特点实行单体测试和逐项测试，由多个零散的测试仪器来分别完成各种测试项目，而且在测试中经常出现测试项目重复进行，导致测试工作繁琐，耗时长，效率低，较大的工作量给测试人员带来很大的压力。

7.1.3　配电网自动化设备全景检测技术需求分析

随着智能配电设备的大量应用，其智能化、模块化的特点对检测平台提出了更高的要求，传统的检测流程和方法难以满足大规模工程部署的要求。第一，当前的配电网自动化设备检测方式人工干预环节多，测试效率低下，测试结果的可信度不高。配电网自动化设备检测主要采用传统人工方式进行，存在一系列缺陷：如测试软件无法统一、测试步骤冗长，检测结果无法跟踪和追溯，测试质量难以保证，测试结果无法自动生成报告表格，存在大量的重复性测试，整体效率低下。第二，当前的配电网自动化设备检测手段无法准确评估设备在真实运行环境下的动态适应性。现有测试以人为参数设置的静态测试为主，不能动态反演现场实际运行工况，无法测评设备在真实运行工况下的功能和性能。同时也难以有效验证智能分布式馈线自动化等复杂逻辑。

长期以来，配电网自动化设备的检测多通过形式试验加人工抽测的方式来完成，对传统的配电网自动化设备来讲此种方式基本满足工程应用的需要。但随着智能化终端的规模化应用，此种检测模式无法满足全覆盖、自动化、批量化的要求。因此，有必要研究智能配电网自动化设备的全景检测技术，提高设备现场应用的完好率，进而进一步提高配网运行的可靠性。

通过对配电网自动化全景检测技术的研究，将传统的配电网自动化设备检测升级为多层次的系统级全景检测，使其适应于智能分布式等新型配电网自动化设备，提高配电网自动化设备检测效率，检测周期缩短 30% 以上，为大批量设备检测提供了坚强技术保障。同时，通过构建全过程仿真、控制、监视一体化的馈线自动化模拟仿真测试环境，可有效提高智能设备的使用效率，为进一步提高配电网自动化水平提供有力支撑。

7.2　配电网自动化设备全景检测平台架构

配电网自动化终端检测系统综合了仿真测试、计算机、数据库等技术，以科学的测试方案和技术对站所终端、馈线终端等智能配电终端进行自动化检测，能实现三遥、逻辑与保护、对时、故障告警、通信协议、FA 馈线自动化检测等多个项目的功能和性能测试，能自动计算精度误差，判断结论，检测完成后将合格品与不合格品自动分类并出具相应报告，最终形成一套安全、准确、可靠、高效的配电网自动化终端检测平台。配电网自动化终端测试系统由硬件部分和软件部分组成。

7.2.1 系统结构

7.2.1.1 硬件部分

配电网自动化设备整机自动检测硬件设备包含各种功率源、模拟断路器、多回路切换设备、录波器装置、电源系统、接口等各类辅助设备，实现整机的自动检测。

工作站：安装配电终端仿真测试软件，主要实现对配网终端测试仪输出装置、模拟断路器、三相标准表及配电终端等的控制。完成指令下发、数据采集、信息存储、数据处理和分析、实现分布式馈线自动化功能测试、通信规约协议检验和分析，以及检测报告自动生成等工作，实现无人工干预的自动化检测功能。

故障同步触发装置：可输出指定大小、相位的电压、电流，具备模拟短路故障或接地故障控制电流序列输出，实现短路、接地故障报警及复位功能测试功能。

切换模块：可支持 8 间隔三遥切换测试。

三相标准表：可回采三相电压、三相电流，提供高精度电压、电流基准值，精度可达0.05 级。

录波装置：具有四相电压、四相电流的录播功能，精度达到 0.02 级，录波频率达到100kHz。

通信服务器：由串口服务器和以太网交换机组成，具备 RS－232 串口和 RJ－45 网口。

GPS 时钟源：具备对时功能。

扫码枪：支持二维码扫描。

电源带载测试模块：功率达到 600W。

7.2.1.2 软件部分

软件采用自主开发的综合性自动化建模主站系统，该系统以 XP、Windows7 作为运行平台，Visualstudio 2010 作为开发平台，Microsoft MFC 作为基础类库，采用成熟的开发工具 visualC＋＋或 C#开发而成。主站系统界面友好美观，操作简单，功能强大，配置了网络交换设备，具备与多个测试对象、多通道同时测试的能力。

测试软件基于 SQL 数据库的数据存储技术设计，利用 SQL 数据库进行测试数据查询和保存，生成报告与数据查询流程：当进行测试完成之后就可以查询。交采数据的查询通过 SQL 与 dataGridView 控件的结合，将查询的数据显示出来，从而实现数据查询的目的。报告生成是利用半模板半软件语言实现，从而使报告输出成 Word 文档。

基础架构模块：仿照实际配电终端监测后台，设计基础架构，最大限度模拟真实后台。

通信测试功能模块：按规约有效识别、接入各厂家配电终端通信，并进行通信测试。支持加密测试，加密算法支持国密 SM1、SM2、SM3 算法及国密 IPSEC 规范，支持与主站安全网关加密设备进行双向身份认证。

故障同步触发装置控制模块：研究遥测精度测试、功能测试、FA 测试、模拟故障及复位测试策略，配合策略准确控制故障同步触发装置输出。

智能判定模块、报表定制模块及其他模块等，并自动生成测试报告。

7.2.2 系统原理

测试平台通过安装在工作站上的模拟测试下发测试命令，并与故障同步触发装置、标准表、切换装置、录波装置以及配电终端等进行双向数据交换。当测试配电终端的功能、性能、通信规约时，对测试的过程进行实时的监测，实行自动闭环测试。后台可以根据各种故障情况对配电终端进行分布式馈线自动化测试，以此来验证配电终端的稳定性和可靠性。最后由后台对被测配电终端进行数据分析，得出结果并自动打印测试报告。这一系列的测试过程无需人工干预，全部由系统平台完成。

系统原理图如图 7-4 所示。

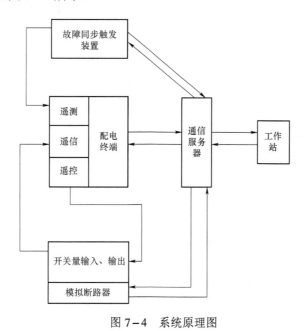

图 7-4 系统原理图

7.2.3 系统功能

7.2.3.1 常规功能

常规功能的检测大项及检测小项见表 7-1。

表 7-1 常规功能的检测大项及检测小项

序号	检测大项	检测小项
1	电源模块功能试验	双电源切换功能；电源管理功能等
2	交流工频输入量基本误差试验	电压、电流、有功功率、无功功率精度试验等
3	故障电流试验	故障电流误差试验等
4	遥测死区功能试验	遥测死区值设定等
5	遥测越限告警功能试验	电压电流值越线判断及报警
6	状态量（遥信）输入试验	遥信量试验；时间记录功能试验等
7	SOE 分辨率试验	SOE 实验
8	开入量防抖动功能试验	防抖试验，防抖参数可设
9	遥控试验	遥控试验；遥控保持时间设定试验；遥控防误动试验；遥控记录试验等
10	遥控异常自诊断功能试验	遥控异常自诊断试验
11	对时功能试验	GPS 和北斗对时功能试验
12	通信功能试验	通信和规约试验，加密测试等
13	数据处理及传送功能检测	
14	远方和本地切换功能检测	远方和就地切换功能及就地操作试验
15	自诊断及自恢复功能检测	
16	保护及馈线自动化功能检测	FA 功能试验
17	雪崩试验	雪崩试验

7.2.3.2 馈线自动化功能（FA 功能）

（1）整体描述。馈线自动化仿真测试系统在现场线路不停电的情况下，通过测试建模平台控制信号仿真装置向配电设备提供逼真的故障模拟信号和开关动作模拟信号，由通信对钟或卫星同步等功能保障各站点模拟信号的同步输出，实现配电网自动化 FA 系统功能的测试，其可以验证的内容如下：

1）验证配电终端三遥功能及线路保护功能；

2）验证通信设备通道信号的稳定性及可靠性；

3）验证配网主站配电网自动化 FA 处理机制。

（2）功能描述。测试建模平台预先针对设置好的测试方案，在指定时间开始启动测试方案，简单的状态序列可通过状态序列功能设置，针对系统测试的案例使用测试建模平台统一生成，下发至现场仿真测试装置。

组网联动测试，通过网络连接，由测试建模平台统一控制多台现场仿真装置实现分布式配电网络运行模拟、故障状态及控制响应模拟。测试前所有现场仿真装置需要注册到测试建模平台，然后统一受测试建模系统控制，可根据设置的预置时间并由 GPS 或主站授时保持同步触发进行测试。

7.2.4　配电网自动化设备全景检测平台介绍

7.2.4.1　登录界面

如图 7-5 所示，为软件登录界面，用户名输入框不可编辑，可下拉选择用户名，在密码输入框中输入该用户名的密码，单击登录即可登录进入系统。

图 7-5　登录界面

7.2.4.2　主菜单功能

登录进入系统后，界面如图 7-6 所示，上方红色标注框中显示的是主菜单，分别是"参数设置""测试用例""方案设置""执行测试""测试记录""FA 测试"。

图 7-6　参数设置菜单

（1）参数设置。如图 7-7 所示，参数设置界面，有"扫描枪设置表""任务管理""设备信息表""系统参数表""表位信息表""信息体类型表""产品类型表""三遥配置表""测试方案参数表""测试项目类型表""测试报告"这几个子菜单。

（2）测试人员记录表。如图 7-8 所示，右上方的"保存""添加""删除"按钮可分别实现用户的保存，添加和删除功能。在对应用户的姓名或密码编辑框中双击即可实现相应项的编辑。

图 7-7　参数设置界面

图 7-8　测试人员记录表

（3）任务管理表。如图 7-9 所示，右上方的"保存""添加""删除"按钮可分别实现测试任务的保存，添加和删除功能。在对应的任务号进行双击可实现任务号的编辑；对测试方案双击，可选择对应的测试方案；对应的设备 ID 号进行双击可实现设备的关联，要求设备 ID 必须为设备信息表中存在的设备 ID。用扫码枪添加设备时，自动生成任务号，并关联设备 ID。

图 7-9　任务管理表

（4）设备信息表。如图 7-10 所示，设备信息表中含有"任务号""设备类型""厂商代码""设备型号""设备 ID 号""硬件版本""生产日期""设备地址""测试状态""测试厂家地址""开始测试时间"这几个字段。其中"设备类型""厂商代码""设备型号""设备 ID 号""硬件版本""生产日期"这几个字段的信息由设备的二维码信息中获取。"设备地址"即每套设备的通信地址，为 10 进制数，默认值设置为 1。在开始测试时，当待测设备中有新的设备，即设备 ID 号不同时就会向该表中新增一条记录，默认设备地址为 1。"测试状态"为预留字段，可不填。每次扫码时会自动将"开始测试时间"更新至当天。"测试编号"和"测试厂家地址"是操作员手动填写，用于导入报告时插入到相应位置。

图 7-10 设备信息表

（5）扫描枪设置表。如图 7-11 所示，扫描枪设置表中含有"串口号""波特率""接收字节数"。串口号和波特率是扫描枪连接的串口和波特率，串口号字母全部大写，如"COM1"；波特率为 10 进制整数，如"115200"。接收字节数为这一批设备二维码扫出来的字节数，可用串口调试工具测试一个二维码得到字节数。扫描枪有且只有一个，所以该表有且只有一条记录，请勿随意添加或删除。扫描枪会在程序一启动就连接，所以修改过该表信息保存后，需要重启软件重新进行扫描枪连接。

图 7-11 扫码枪设置表

7.2.4.3 系统参数表

如图 7-12 所示，系统参数表中"三相源串口号""三相源波特率""三相源校验""录波仪 IP""录波仪端口""切换单元串口号""切换单元波特率""切换单元校验""标准表串口号""标准表波特率""标准表校验"为设备相关参数，其中 IP 为 IPV4 的标准格式，如"192.168.8.79"；串口号字母全部大写，如"COM3"；波特率为串口通信的波特率设置，十进制整数，如"9600"；校验为串口通信的校验位，0 表示无校验，2 表示偶校验，3 表示奇校验。

"升源等待时间""总召等待时间""召文件等待时间""故障判断等待时间""录波完成等待时间""录波目录""遥控等待时间"为流程控制相关参数。"升源等待时间"指在精度测试，或是手动升源时，源从 0 到保持稳定输出时等待的时间，单位为 ms，若该时间过短，可能由于源的电压电流值还未升到指定值或是输出还未稳定导致升源失败。"总召等待时间"指向设备下发总召命令到总召结束的时间，单位为 s，若改时间过短可能会导致总召尚未完成而导致各项参数并未获取到使测试不合格。"召文件等待时间"指下发召文件命令到文件召唤完成的时间，单位为 s，该时间过短可能会导致文件并未召完成使录波测试不合格。"故障判断等待时间"指向线路输送相应输出，到设备判断出相应故障的时间，单位为 s，该时间过短可能会导致设备还未来得及判断出故障而导致测试不合格。

"录波完成等待时间",指状态序列输出或波形反演输出,到录波仪完成录波并全体成功召唤该文件的时间,单位为 s,该时间过短可能会导致录波仪召的文件不匹配或是并未完成召唤使测试不合格。"录波目录"指设备录的波形保存的目录,该参数设置不对会导致台体召唤设备录波文件失败。"遥控等待时间"指遥控命令下发到遥控执行回复的时间,单位为 s,该时间过短可能会导致由于设备延迟回复而让系统误认为遥控失败。

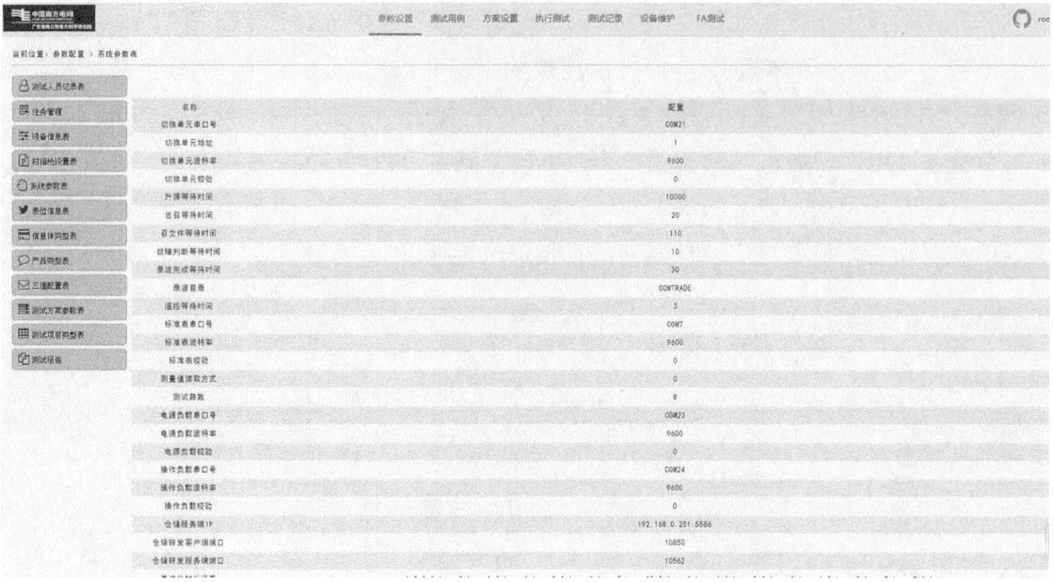

图 7-12 系统参数表

"测量值读取方式"为选择测量值是从源读取还是从标准表读取,内容填"0"或者"1",0 表示从源读取,1 表示从标准表读取。

"测试路数"为测试设备的最大路数,只有在这配置过路数后,在测试用例界面会显示出所有路数让用户具体配置。

"软件名称"是配置软件标题栏显示的名称,修改后要重启软件就可显示配置的名称,后缀的版本信息是不可修改的。

7.2.4.4 表位信息表

如图 7-13 所示,设备最多的情况为测试 FTU 时,最多有 8 个表位。

"连接类型"为该设备采用串口连接还是网口连接,填数字"0"或"1",0 表示网口连接,1 表示串口连接。"串口号"所有英文字母大写,如"COM3";波特率为串口通信的波特率设置,十进制整数,如"9600";校验为串口通信的校验位,0 表示无校验,2 表示偶校验,3 表示奇校验;"IP 地址"为 IPV4 的标准格式,如"192.168.4.81";"端口"为设备网口通信端口,十进制整数,如"2404"。

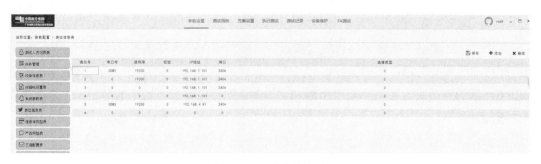

图 7-13　表位信息表

7.2.4.5　信息体类型表

如图 7-14 所示，该表可增加删除信息体类型，在三遥配置表中可根据配置的信息体类型分别进行配置。

图 7-14　信息体类型表

7.2.4.6　产品类型表

如图 7-15 所示，该表保存每一种设备的基本信息，"设备型号"和"硬件版本"是从设备二维码信息中获取；"类型描述"为设备的类型，该系统可测"DTU"和"FTU"两种类型，字母全部大写；"设备路数"为该种型号设备的最大路数；"额定电压"和"额定电流"为该种类型设备的额定电压和额定电流，单位分别是"V"和"A"。当待测设备中有新的类型，即"设备型号"和"硬件版本"不全一样时就会在该表新增一条记录，其中"类型描述"默认为"DTU"，"设备路数"默认为"1"，"额定电压"和"额定电流"不会有默认填写，但是在测试过程中若是查询该配置为空或是为"0"时则默认额定电压为220，额定电流为5。

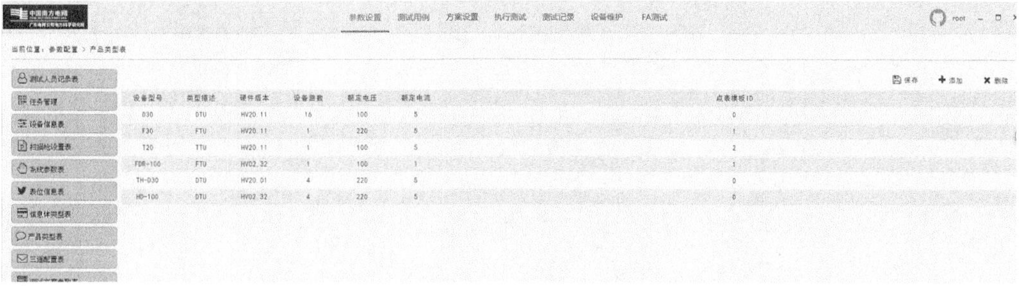

图 7-15　产品类型表

199

7.2.4.7　三遥配置表

如图 7-16 所示,标注 1 位置的设备类型下拉框可选择设备展示并配置相应的三遥点表,标注 2 位置的信息体类型下拉框可选择信息体类型展示并配置相应的三遥点表。设备类型中展示的设备是设备信息表中所添加的设备,信息体类型中展示的类型是信息体类型表中添加的类型。

图 7-16　三遥配置表

进行三遥配置时,"信息体类型"栏不可编辑,为下拉框中所选的类型。"信息体名称"栏可编辑,填写想要标注的信息体名称。"数据类型"栏双击可选,选择该信息体所对应的数据类型,如图 7-17 所示,数据类型的种类目前固定不可增减修改,遥信的数据类型有"双位置遥信""负荷越限""电压越限""有压鉴别""故障总""过流Ⅰ段/短路故障""过流Ⅱ段""过流Ⅲ段""零序过流Ⅰ段"等,若是无用的类型可选择"NULL",对应测试中相应故障上报的遥信或事件。遥测的数据类型有"电压""电流""有功功率""无功功率""零序电压""零序电流"和"NULL",若是无用类型可选"NULL",对应测试过程中总召的遥测;遥控的有"线路遥控""故障复归",其中"故障复归"用于功能测试的故障后复归;"线路遥控"暂未用到。

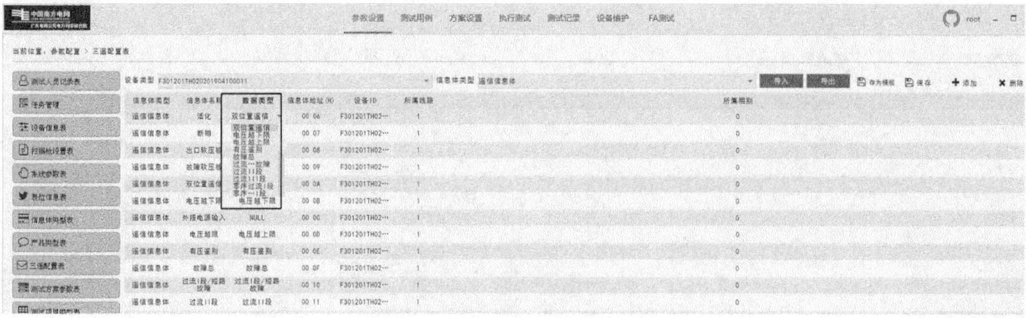

图 7-17　数据类型设置

"信息体地址（H）"栏为要配置的信息体地址，十六进制表示，填写时格式为 4 位数字，两位间用空格分隔，如"00 04"（注：配置时切记地址不能重复，否则保存会失败）。"设备ID"栏不可编辑，表示展示的三遥点表属于哪套设备的，ID 为"0"表示展示的三遥配置为模板，若测试时的设备未单独配置三遥点表则会使用模板的配置。"所属线路"双击可选，表示所配置的信息体属于哪一路，"0"表示该信息体无线路之分。"所属相别"可编辑，填数字 0～3，0 表示该信息体无相别之分，"1""2""3"分别表示 A 相、B 相、C 相。如"数据类型"为"电压"，"所属线路"为"1"，"所属相别"为"1"，表示线路 1A 相电压。

右上方有"存为模板"和"保存"两个保存键，"存为模板"指该配置会更新到模板配置中，"设备 ID"为"0"，用于所有未单独配置模板的设备。"保存"键会将该配置更新到"设备类型"下拉框所选的设备点表中，只应用于该设备。

7.2.4.8　测试方案参数表

如图 7-18 所示，该表可增减测试方案，"测试方案 ID"表示该方案的唯一标识，"测试方案名称"可随意填写，"报告模板 ID"指该方案下的测试记录在生成测试报告时所调用的模板，可在左侧"测试报告"菜单中查询所有的报告模板。保存时注意"测试方案 ID"不能重复。

图 7-18　测试方案参数表

7.2.4.9　测试项目类型表

如图 7-19 所示，该表可增减测试项目，只有在该表中添加的项目才可在上方"测试用例"菜单中对该项目进行具体配置。"项目 ID"为该项目的唯一标识；"项目名称"可随意填写，用于区分项目；"属性"可随意填写，是该项目的附加描述。保存时注意"项目 ID"不能重复。

7.2.4.10　测试报告

如图 7-20 所示，该表可增减测试报告模板，用于生成测试报告时调用。"模板 ID"为该测试报告模板的唯一标识；"模板名称"为该测试报告模板的文件名，带后缀名，如"测试报告.doc"；"模板路径"为该测试报告存放目录的路径，到文件夹即可，不需加上文件名，如"E:\Reporter"。保存时，"模板 ID"不可重复。只有在该表下添加的报告模板，才可在测试方案参数表中添加到方案中，否则生成报告时会无法识别。

图 7-19　测试项目类型表

图 7-20　测试报告

7.2.4.11　方案设置

如图 7-21 所示，单击左侧的树型结构可对所选测试方案进行配置，右侧为"测试用例"中配置的所有用例，勾选用例前的 checkbox 可将该用例加入测试方案中（注：在测试用例修改后，需要到本界面对修改的用例重新勾选）。

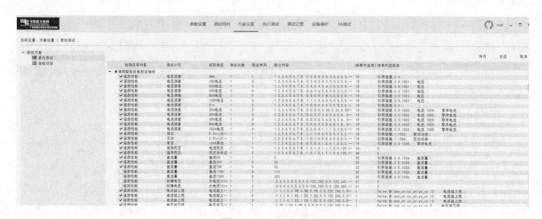

图 7-21　方案设置

7.2.4.12　执行测试

如图 7-22 所示，右侧三相电压电流设置框可编辑，单击"设置"按钮后源将会根据设置值进行输出，单击"读源"按钮可在左边电压电流框中显示读上来的值，读源的数值来源是根据"参数设置"中"系统参数表"中配置的测量值读取方式，是从三相源读取，或是从标准表读取。

设备连接标注框中可对各个设备进行连接断开操作。

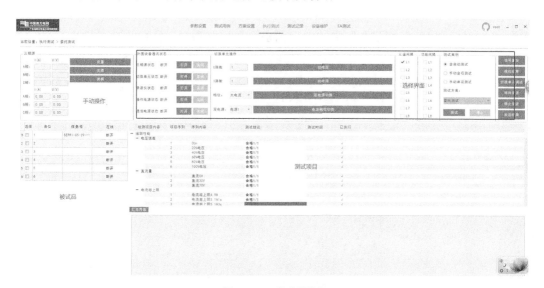

图 7-22　执行测试

切换单元控制标注框中控制切换单元进行相应的切换动作。切电压或切电流时，在前方的编辑框中填写要切换到的路数，填 0 表示所有路数全部断开。

测试启停标注框中可在测试方案下拉框中选择要进行的测试方案，下拉框中的内容就是在"参数设置"的"测试方案参数表"中配置的方案。单击"测试"按钮，就开始测试，测试前会自动将未连接的设备全部连接。测试过程中单击"停止"按钮，测试强制结束。选择单步测试时，只会测试选择的测试用例进行测试。若先进行过全自动测试后，可单步测试不合格项，结束后单步测试的结果会更新到前一次全自动测试结果中。若直接选择单步测试，则会新建一个测试记录，但之后的单步测试结果会更新到最开始的单步测试记录中，直到清除这批设备进行下一批设备测试，或是更换测试方案测试。

测试设备列表区最多 8 个表位，当测试 FTU 时一次最多可以测试 8 台，当测试 4 路 DTU 时，一次最多可以测试 2 台。当设备安装到工位时，相应表位会将设备二维码中解析出的 ID 显示出来，当所有设备安装完成后会自动开始测试，测试前会对所有列表中显示的设备进行连接，也可右键进行"连接设备""断开设备""清除设备"操作。只会对勾选的设备进行连接或断开操作。

测试项目列表区显示所选测试方案下所有的测试用例，在"已执行"列双击可切换执行状态，当状态为"√"时测试时将跳过该用例进行下一项测试。当一个测试用例测试完成后，双击"测试结论"列可查看测试结果。

"汇总界面"可显示测试过程的一些信息和个设备间通信的报文。

7.2.4.13 测试记录

如图 7-23 所示，单击左侧"测试结果汇总"菜单可进行测试记录进行查询和保存，测试方案下拉框中可选择要查询的测试方案，开始时间和结束时间输入框中可编辑查询时间段，单击"查询"按钮可在右侧测试方案记录区显示该测试方案在该时间段的所有记录，单击其中某一条测试方案记录，设备 ID 下拉框中会填充上该测试记录测试的所有设备，在下方测试项目记录区会显示该设备在该测试方案记录测试时间段内所有的测试用例记录，单击"保存"按钮会将所选测试方案记录，按所选择的设备，用该测试方案配置的报告模板生成测试报告，保存过程中会弹窗让你选择报告保存的路径和报告名。

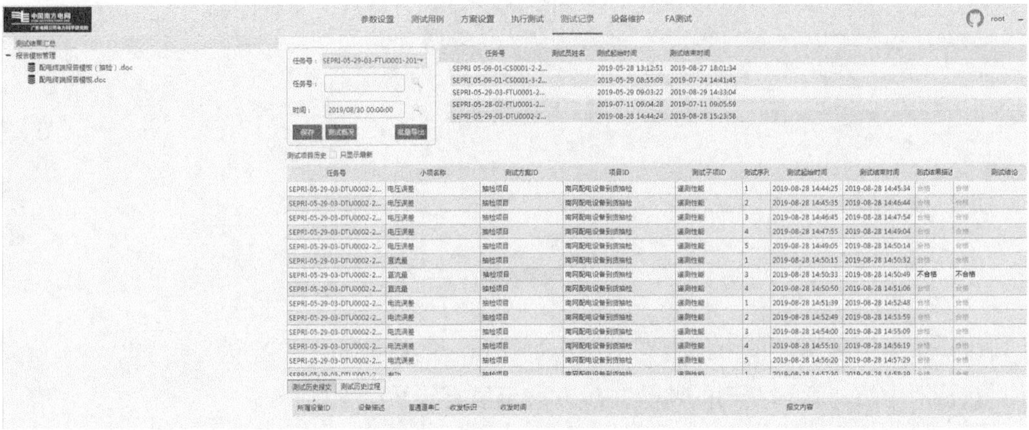

图 7-23 测试结果汇总

单击左侧报告模板管理树形结构中的报告模板，可对该模板进行标签配置，树形结构中显示的报告模板为"参数设置"中"测试报告"中添加的。配置模板前需要用 Word 打开所选模板，在想要插入数据的地方插入书签，标签建立过程如图 7-24 所示。模板标签建立好之后，在检测软件中进行配置，如图 7-25 所示，"标签"栏填写模板中相应位置插入的标签名；"标签内容索引"是对应测试用例的测试结论的序列号，若该用例不是录波型测试，则序列号为 4 个数字，分别是"测试项目 ID""测试子项 ID""测试小项 ID""测试序列"，中间用英文逗号隔开，如"13，1，1，1"，若要插入的内容需要结合多个测试用例的结论，则中间用分号隔开每个序列号，如"13，1，1，1；13，1，1，2"。若用例是录波型测试，则序列号为 5 个数字，分别是"测试项目 ID""测试子项 ID""测试小项 ID""测试序列""结果类型"，其中"结果类型"为"1"表示测试的实测值，"3"表示设备录的波形图片，格式如"12，7，1，1，1"；若是标签内容索引为"设备 ID"时，会将对应的设备 ID 插入；若为"测试起始时间"，会将该测试方案的测试起始时间插入；若为"测试编号"，会将该设备配置的测试编号插入；若为"测试厂家地址"会将该设备配置的测试厂家地址插入；若为"开始测试时间"会将该设备扫码的时间插入。

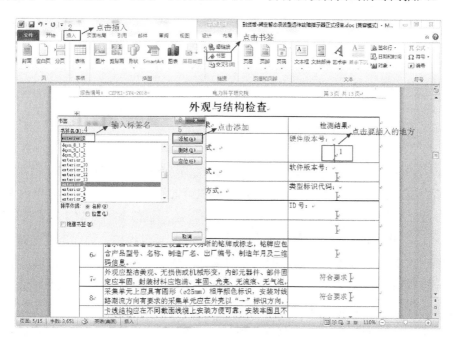

图 7-24　Word 标签插入

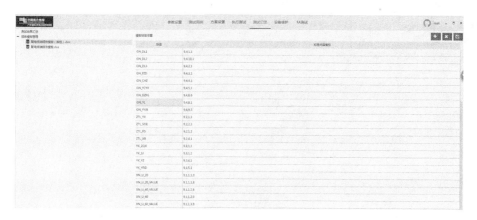

图 7-25　报告模板管理

7.2.5　FA 测试

7.2.5.1　参数配置

单击"FA 测试"，出现如图 7-26 所示界面，单击"参数配置"按钮，参数配置表如下：

图 7-26 参数配置

（1）系统参数配置表。单击系统参数配置表，出现图 7-27 显示界面，"正常状态持续时间"指在馈线自动化测试过程中，施加模拟故障的正常状态持续时间，单位为"秒"；"故障状态持续时间"指在馈线自动化测试过程中，施加模拟故障的故障状态持续时间，单位为"秒"；"开入触发等待时间"指在馈线自动化测试过程中，施加模拟线路故障后，继保仪等待 FA 终端进行故障隔离、恢复后的信号，触发继保仪正常状态输出（模拟线路故障隔离恢复后的正常状态）单位为"秒"；"故障恢复持续时间"指在馈线自动化测试过程中，故障后状态持续时间，单位为"秒"；"速动方案判定时间"指速动型方案测试时系统的判断时间，超过该时间未接收到开入信号直接判定为不格。

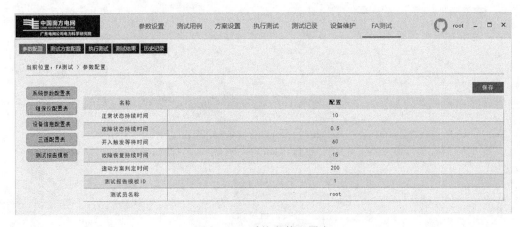

图 7-27 系统参数配置表

（2）继保仪配置与设备信息配置表。单击"继保仪配置表"出现图 7-28 所示界面，该界面主要配置继保仪参数，其中"继保仪 ID"在之后的方案配置时需要添加，之后介绍。

图 7-28　继保仪配置表

单击"设备信息配置表"出现如图 7-29 所示界面，该界面中 FA 设备是指被测试样品，配置样品通信参数及基本信息；"模拟器"指检测平台的模拟断路器。

图 7-29　设备信息配置表

（3）三遥配置表。三遥配置表如图 7-30 所示，该界面主要添加被测样品三遥点表。

7.2.5.2　测试方案配置

单击测试方案配置后，出现如图 7-31 所示界面。

方案选择界面：在该界面选择不同类型方案，实现不同测试用例。

编辑按钮：按钮编辑栏，方便进入图谱图编辑状态，导入、导出可以相对灵活调用、保存拓扑图，"保存"按钮为对当前设备编辑后，保存编辑内容。

配电自动化系统检测技术

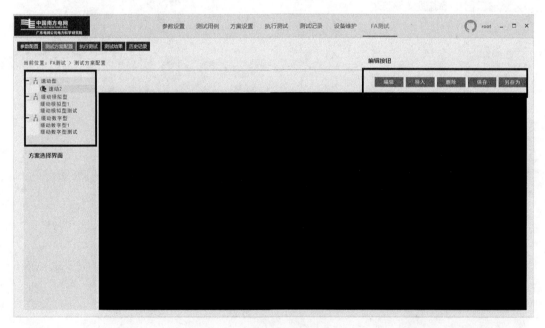

图 7-30 三遥配置表

图 7-31 测试方案配置（一）

拓扑图编辑界面：设计、绘制拓扑图。

注：FA 检测平台中，每一个拓扑图对应一个检测方案，针对不同拓扑图做出相应编辑、绘制表现出不同测试方案，该测试方式灵活、直观，方便测试用户理解。

单击图示中的测试方案类型（选中任一方案类型），再单击"编辑按钮"出现如图 7-32 所示界面。

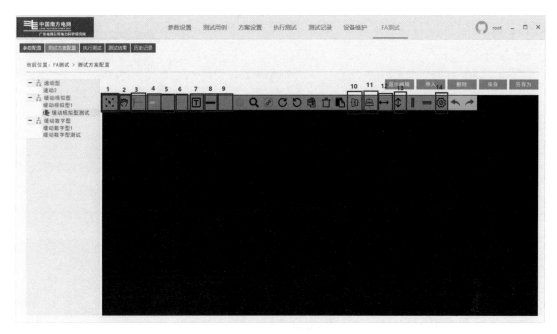

图 7-32　测试方案配置（二）

界面中：

元器件 1：框选，选择多个元器件，执行相同操作；

元器件 2：移动，按压鼠标左键不放，拖动元器件到期望位置；

元器件 3：电源，添加后右击元器件可以编辑元器件属性，详见示例；

元器件 4：开关站，添加后右击元器件可以编辑元器件属性，详见示例；

元器件 5：接地点，添加后右击元器件可以编辑元器件属性，详见示例；

元器件 6：电容，添加后右击元器件可以编辑元器件属性，详见示例；

元器件 7：添加文字，为元器件添加备注或其他信息；

元器件 8：模拟线路，用于将各个元器件连接，组成回路；添加后右击元器件可以编辑元器件属性，详见示例；

元器件 10：水平对齐，各个元器件水平对齐，可搭配框选元器件一同使用；

元器件 11：竖直对齐，各个元器件竖直对齐，可搭配框选元器件一同使用；

元器件 12：自动水平连线，搭配框选使用时，将框选内所有元器件水平用模拟线连接构成拓扑回路；

元器件 13：与元器件 12 作用相同，竖直方向上；

元器件 14：单击该元器件后，会出现设置弹窗，界面如图 7-33 所示。

可以编辑默认状态下的元器件大小、画面布局等便捷功能。

示例：示例如图 7-34 所示。

图 7-33 测试方案配置（三）

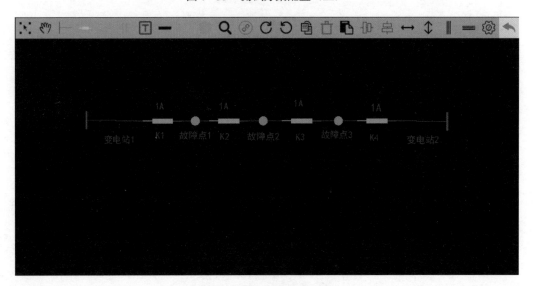

图 7-34 测试方案配置（四）

　　该图所有元器件共同构成一个 2 电源 3 站式馈线系统，其中各个元器件已配置完成，下面以每一个类型元器件配置距离说明：

　　电源站 1：鼠标左键单击元器件，再右击鼠标呼出属性编辑界面，界面如图 7-35 所示。

图 7−35　测试方案配置（五）

图 7−35 中：ID 号为系统默认生成数字身份，不可更改；电源主要需设置参数为"容量"，以电流为单位，表示该电源站最大可负载（与故障恢复时电源站选取供电有关）后面所供电开关不能超过该容量。

开关站 K1：

如图 7−36 所示为开关站属性编辑界面，呼出方式所有元器件相同，可参考电源站，需设置项如下。

绑定设备 ID：该属性为再参数配置时，该站与所对应实际 FA 设备，绑定 IP，通信连接作用；

图 7−36　测试方案配置（六）

绑定设备遥测：设备遥测点号，对应连接测试架电流路数、相别，可以单击对应勾选；

展示/绑定设备遥信：终端对应遥信点号；

展示/绑定设备遥控：终端对应遥控号；

绑定继保仪：绑定该设备所连接测试架电流由哪个继保仪哪相来输出；双击编辑框可对应选择；

故障点：无需配置，可添加文字加以区分；

当拓扑图编辑完毕后，单击保存，保存配置的拓扑图。可以进行对应方案的测试，详见以下操作。

7.2.5.3 方案测试

单击执行测试按钮，界面上选择在编辑测试用例的方案名，自动刷新画布中的拓扑图；如图 7-37 所示。

图 7-37　方案测试（一）

该界面主要分 3 块区域，左侧为方案选择界面，中部为画布拓扑图界面，下部为方案配置界面和报文显示界面。

其中中部的画布拓扑图界面和方案和底端的配置界面可用鼠标双击弹出弹窗，放大对应界面。

注：故障点设置：选择任意故障点，填入故障电流大小（单位为 A），选择故障相别；

联络开关选择：单击后可选择开关为联络开关；

开关初始化状态：用户可自己选择开关测试初始化状态，系统默认测试时联络开关分，其余开关合；

报文：点击后界面为测试过程报文。

在所有参数配置完成后，单击左边方案选择界面区域，鼠标右击连接设备，待所有设备连接后（元器件颜色会变成红或绿，红表示处于合位，绿色表示分位），单击"开始测试"按钮。

测试过程中，用户可用鼠标对准元器件右击选择实时数据，可查看测试过程中该元器件实时遥信位变化和开关位变化，界面如图 7-38 所示。

图 7-38　方案测试（二）

7.2.5.4　测试结果

测试完成后，单击测试结果界面，可以看到判定遥信点号、上传时间、状态位，测试前初始状态截图，测试完成后结果图界面如图 7-39 所示。

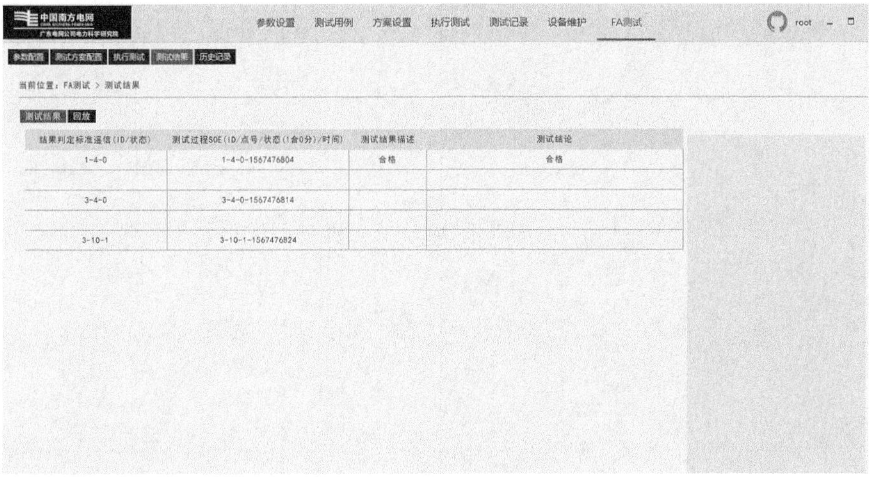

图 7-39　测试结果

213

界面分为两块区域，居中为测试过程 SOE 变化及结果描述，右侧界面显示测试初始状态图和测试结果状态图。

7.2.5.5 测试记录

该界面显示内容主要显示对应方案测试记录及测试判断依据，便于测试追溯，具体显示界面如图 7-40 所示。

图 7-40 测试记录

测试类型：选择测试方案的对应类型（配置方案时具体方案的父目录）。

选择对应测试方案，显示测试流程与测试流程报文记录。

其中：单击测试流程任一步骤，会显示该流程对应测试报文记录，两者一一对应。